U0680491

高等学校土木工程专业"十四五"系列规划教材·应用型

智慧工地建设概论

主　　编	贝芳芳	吕　杰	夏　璐	
副主编	顾迅杰	李　青	唐礼平	潘明杨
参编人员	李大洲	金秀芳	江影影	束南平
	王　伟	张岚元	余伟童	桂　松
	陈自闯	李逸民	宋　杰	覃爱民
	张新勇	王　锋	武世地	

四川大学出版社
SICHUAN UNIVERSITY PRESS

图书在版编目（CIP）数据

智慧工地建设概论 / 贝芳芳，吕杰，夏璐主编.
成都：四川大学出版社，2025.4. -- ISBN 978-7-5690-7715-5

Ⅰ. TU-39
中国国家版本馆 CIP 数据核字第 2025B3E564 号

书　　名：智慧工地建设概论
　　　　　Zhihui Gongdi Jianshe Gailun
主　　编：贝芳芳　吕　杰　夏　璐

选题策划：李金兰　王　睿
责任编辑：王　睿
特约编辑：孙　丽
责任校对：蒋　玙
装帧设计：开动传媒
责任印制：李金兰

出版发行：四川大学出版社有限责任公司
　　　　　地址：成都市一环路南一段 24 号（610065）
　　　　　电话：（028）85408311（发行部）、85400276（总编室）
　　　　　电子邮箱：scupress@vip.163.com
　　　　　网址：https://press.scu.edu.cn
印前制作：湖北开动传媒科技有限公司
印刷装订：武汉乐生印刷有限公司

成品尺寸：200 mm×270 mm
印　　张：12.25
字　　数：342 千字

版　　次：2025 年 6 月　第 1 版
印　　次：2025 年 6 月　第 1 次印刷
定　　价：48.00 元

本社图书如有印装质量问题，请联系发行部调换

四川大学出版社
微信公众号

特别提示

    教学实践表明，有效地利用数字化教学资源，对于学生学习能力以及问题意识的培养乃至怀疑精神的塑造具有重要意义。

    通过对数字化教学资源的选取与利用，学生的学习从以教师主讲的单向指导模式转变为建设性、发现性的学习，从被动学习转变为主动学习，由教师传播知识到学生自己重新创造知识。这无疑是锻炼和提高学生的信息素养的大好机会，也是检验其学习能力、学习收获的最佳方式和途径之一。

    本系列教材在相关编写人员的配合下，逐步配备基本数字教学资源，主要内容包括：

文本：课程重难点、思考题与习题参考答案、知识拓展等。

图片：课程教学外观图、原理图、设计图等。

视频：课程讲述对象展示视频、模拟动画，课程实验视频，工程实例视频等。

音频：课程讲述对象解说音频、录音材料等。

数字资源获取方法：

① 打开微信，点击"扫一扫"。

② 将扫描框对准书中所附的二维码。

③ 扫描完毕，即可查看文件。

更多数字教学资源共享、图书购买及读者互动敬请关注"开动传媒"微信公众号！

前　言

　　智慧工地利用先进的技术手段,如物联网技术、大数据技术、人工智能技术、传感器技术等,对建筑施工现场进行全方位的智能化管理。通过智慧工地系统,可以实现工地管理的数字化、信息化、智能化,提高施工效率,减少资源浪费,增强工地的安全性和环保性。智慧工地是现代建筑施工行业发展的主要趋势之一。

　　2010年,智慧工地的概念被引入中国,一些先进的建筑企业开始探索将信息技术应用于施工管理,以提高施工效率和安全性。随着《中国制造2025》的发布,智能制造技术得到进一步推广,智慧工地的发展进入快车道。这标志着智慧工地开始广泛运用数字化技术,实现工地数字化管理。2015年后,越来越多的工地开始引入智慧工地系统,进行全方位的监控和管理。进入2020年,5G技术的商用加速了智慧工地的发展。借助5G的高速传输和低延迟特性,智慧工地能够在人员管理、环境管理、机械管理等多个方面实现更高效的远程监控、数据传输和实时分析,工地管理的智能化水平显著提升。相关数据显示,智慧工地市场规模在过去几年内持续增长。2012—2018年,智慧工地市场规模始终保持20%以上的增速,2019年其市场规模达到了120.9亿元。这一增长趋势预计在未来几年内将持续,表明智慧工地在中国具有广阔的市场前景。

　　本书系统地构建了智慧工地的理论体系,总结了智慧工地最新的技术,归纳了智慧工地最新的应用内容和方法,既能为高校和培训机构提供教学支持,又可为相关单位和企业提供人才培养方案,在提升从业人员的技术水平、促进教育资源的优化配置、满足市场需求和推动建筑行业的智能化发展以及促进国际交流与合作等多个方面有重要意义。

　　全书共有11章,在编写过程中以党的二十大精神为指引,紧跟建筑行业转型升级需要,把社会主义核心价值观融入其中。内容包括绪论、智慧工地建设基本原理、人员管理、物料管理、施工机械管理、环境与能耗管理、进度管理、质量管理、安全管理、智慧工地信息指挥中心、智能建造与智慧工地,并配备数字资源作为补充和延伸,供学习者拓展学习技能。

　　安徽文达信息工程学院贝芳芳、吕杰,安徽水利水电职业技术学院夏璐为本书主编,安徽中润锦时科技有限公司顾迅杰、安徽文达信息工程学院李青、安徽建筑大学唐礼平、中国建筑第三工程局有限公司潘明杨为本书副主编,参编人员有安徽中润锦时科技有限公司李大洲、安徽文达信息工程学院金秀芳、安徽文达信息工程学院江影影、安徽文达信息工程学院束南平、安徽文达信息工程学院王伟、安徽城市管理职业学院张岚元、安徽文达信息工程学院余伟童、合肥信息技术职业学院桂松、合肥至乾科技发展有限公司陈自闯、合肥尚禾数城科技有限公司李逸民、安徽新华学院宋杰、皖西学院覃爱民、中外建工程设计与顾问有限公司张新勇、安徽苏亚建设集团有限公司王锋、安徽省建筑科学研究设计院武世地。编写分工如下:第1章由金秀芳编写,第2章由江影影编写,第3章由顾迅杰和夏璐编写,第4章由李青编写,第5章由贝芳芳编写,第6章由束南平编写,第7章由唐礼平编写,第8章由吕杰编写,第9章由潘明杨和王伟编写,第10章由张岚元编写,第11章由余伟童编写。李大洲、桂松、陈自闯、李逸民、宋杰、覃爱民、张新勇、王锋、武世地在智慧工地知识体系搭建、资源整合、内容编写等方面,为本书的科学性、实用性、适用性及质量提升提供了全方位支持。

　　本书在编写时，得到了许多兄弟院校、行业及企业相关领导、技术专家的鼎力支持与帮助，安徽中润锦时科技有限公司、深圳图深科技有限公司、武汉华和物联技术有限公司、中科华研（西安）科技有限公司、湖北三思科技股份有限公司、合肥九磊智能科技有限公司、苏州威视通智能科技有限公司、杭州宇泛智能科技股份有限公司、大连腾屹信科技有限公司、湖南建研信息技术股份有限公司、福州众远达科技有限公司、江苏易筑科技有限公司、合肥绿能智能测控有限公司、广州智建云信息技术有限公司、安徽清新互联信息科技有限公司、益锐（杭州）信息科技有限公司、广州泓益智能科技有限公司等为本书的编写提供了大量的技术支持，并提出了宝贵的修改意见，在此表示衷心感谢。

　　由于编者水平有限，加之时间仓促，书中难免有疏漏和不足之处，敬请读者批评指正。同时随着信息化的发展，智慧工地相关技术将不断完善，敬请大家在实际工作中以最新标准为依据。

编　者

2024 年 11 月

目　　录

1 绪 论

【内容提要】

　　本章主要内容包括智慧工地的概念、建设背景及意义和智慧工地的发展，重点介绍智慧工地的概念。

【能力要求】

　　通过本章的学习，学生应掌握智慧工地的概念，熟悉智慧工地的建设背景及意义，了解智慧工地的发展历程及趋势。

1.1 智慧工地概述

1.1.1 智慧工地的概念

　　智慧工地是一种新兴的信息化综合管理模式，是智慧城市在建筑工程施工领域的具体体现。刘刚提出了智慧工地的概念、特征以及典型应用，他强调智慧工地通过引入物联网、云计算等信息技术，聚焦人员、机械、材料、方法、环境（简称"人、机、料、法、环"）等现场关键要素，实现了智能化的数据采集、智慧化的过程预测及高效的管理协同。王要武等认为，智慧工地在时间上贯穿工程项目的全生命周期，空间上涵盖了工程项目的各个应用场景，具有专业高效化、数字平台化、在线智能化、应用集成化等典型特征。毛志兵认为智慧工地建立在高度信息化的基础上，能实现人和物的全面感知、施工技术的全面智能、工作互通互联、信息协同共享、决策科学分析及风险智慧预控。

　　通过整理"智慧工地"概念，可以认为智慧工地是建筑业从经验范式开始，经过理论范式、计算机模拟范式发展到数据探索范式的典型产物。它是以施工过程的现场管理为出发点，时间上贯穿工程项目全生命周期，空间上覆盖工程项目各应用场景，借助云计算、大数据、物联网、移动互联网、人工智能、建筑信息模型等各类信息技术，对"人、机、料、法、环"等关键因素进行控制管理，形成的互联协同、信息共享、安全监测及智能决策平台。

　　通过对相关研究及实际应用状况进行分析，可以得出目前"智慧工地"具有以下 4 个特征。

　　①专业高效化。以施工现场一线生产活动为立足点，实现信息化技术与专业生产过程深度融合，集成工程项目各类信息，结合前沿工程技术，提供专业化决策与管理支持，真正解决现场的业务问题，提升一线业务工作效能。

　　②数字平台化。通过施工现场全过程、全要素数字化，建立起一个数字虚拟空间，并与实体形成映射关系，通过积累的数据分析解决实际工程中的技术与管理问题。同时构建信息集成处理平台，保证数据实时获取和共享，提高现场基于数据的协同工作能力。

　　③在线智能化。实现虚拟与实体的互联互通，实时采集现场数据，为人工智能奠定基础，从而强化数据分析与预测支持。综合运用各种智能分析手段，通过数据挖掘与大数据分析等手段辅助管理者进行科学决策和智慧预测。

　　④应用集成化。完成各类软硬件信息技术的集成应用，实现资源的最优配置和应用，满足施工

现场变化多端的需求和环境,保证信息化系统的有效性和可行性。

1.1.2 智慧工地的应用场景

　　智慧工地在各类工程业态中应用广泛,其中人员管理、环境与能耗管理、安全管理等作为基础应用使用频率最高,除此以外还有物料管理、施工机械管理、进度管理、质量管理等系统,但在不同类别的工程中的具体应用有较大差异。

　　①在房建工程中,人员管理常采用固定位置的实名制闸机及考勤系统;施工机械管理主要包括塔吊安全监测、升降机安全监测;AI隐患识别重点用于作业区域内的安全帽、反光衣识别。

　　②在市政工程中,因线性工程的施工作业现场围闭难度较大,常采用移动式人脸机考勤辅助电子围栏进行实名制考勤管理,采用固定点位＋可移动点位的摄像头进行视频监控管理,施工机械管理主要包括龙门式起重机安全监测、架桥机安全监测,对预应力结构常落实预应力相关指标监测,对拌和站、构件厂亦需要落实相关监测内容,对现场进度常采用无人机巡航管理。

　　③在公路工程中,对路基路面的施工质量要求较高,常配置连续压实质量管控系统;考虑材料的及时性,常配置车辆调度管理系统;针对常用的大型机械,如挖掘机、装载车、推土机等,为了保证施工效率,常配置此类机械设备的实时监测系统。

　　④在隧道工程中,需格外注意隧道内部施工作业人员安全管理,常配置基于UWB(超宽带)技术的人员定位系统及智能安全帽用于辅助人员管理,另外需格外注重隧道内环境气体的监测,避免因有毒气体超标而造成安全隐患。

　　⑤在水利工程中,除安全等因素外,需要格外注重施工过程对水环境的影响以及水文气象对施工作业的影响,需要落实污水排放监测及水文监测,加强对围堰、边坡等稳定性的安全监测。

1.2 智慧工地的建设背景及意义

1.2.1 智慧工地的建设背景

　　随着社会的不断进步和城市化进程的快速发展,政府越来越重视民生,安全生产的概念也已经深入人心。众所周知,建筑工地是一个安全事故多发的场所,虽然近年来全国生产安全事故逐年减少,安全生产状况总体稳定、趋于好转,但形势依然十分严峻。事故总量仍然很大,非法违法生产现象严重,给人民群众的生命财产安全造成重大损失,暴露出一些企业重生产轻安全、安全管理意识薄弱、主体责任未落实,一些地方和部门安全监管不到位等突出问题。如何完善施工现场管理,控制事故发生频率,保障文明施工一直是政府管理部门、施工企业关注的焦点。

　　建筑工地属于环境复杂、人员复杂的区域,很难通过人员巡防来管理工地,然而建筑工地施工人员的人身安全,工地的建筑材料、财产设备安全等都是施工单位管理者关心的问题,建筑的施工质量、施工进度,更是建筑单位关心的问题。考虑到设备及人员的安全,一套有效的现场及远程视频监控系统可以让管理者了解现场的施工进度,可以远程监控现场的施工操作过程和现场用料的安全,通过实时收集关键的质量安全信息,建立覆盖工地、企业、政府的多级联网监管平台,实现对建筑工地的安全监管、险情应急调度,降低生产事故发生的概率,提高监管效率和业务水平。因此,在全面实现"以人为本"的安全生产理念成为当务之急的情况下,智慧工地应运而生!

1.2.2　智慧工地的建设意义

一直以来,建筑业作为传统产业,改造与提升的任务十分艰巨,信息化建设是推动建筑业转变发展方式的重要基础,也是建筑业企业提高核心竞争力、整合现有资源的有效手段。在互联网时代,建筑业需要依靠信息化升级建造过程。随着传感技术、移动互联网和宽带网络的普及,信息技术正在逐步改变人们的思维方式、行为模式、居住场所,同时也为建筑业带来更多可能。智慧工地是"互联网+"理念在建设工程领域的具体体现,是实现"智慧城市"的基石,其核心价值主要体现在以下三大方面。

(1)智慧工地是建造方式的创新。

智慧工地是现代化生产方式在建筑施工领域应用的具体体现,是建筑业信息化与工业化融合的有效载体,是建立在高度信息化基础上的一种支持对人和物全面感知、施工技术全面智能、工作互通互联、信息协同共享、决策科学分析、风险智慧预控的新型施工手段。它聚焦工程施工现场,紧紧围绕"人、机、料、法、环"等关键要素,综合运用BIM(建筑信息模型)、物联网、云计算、大数据、移动计算和智能设备等软硬件信息技术,与施工生产过程相融合,对工程质量、安全等生产过程以及商务、技术等管理过程加以改造,提高工地现场的生产效率、管理效率和决策能力等,实现工地的数字化、精细化、智慧化生产和管理。

(2)智慧工地是智慧城市的重要组成部分。

未来,这些充满智慧的建筑进一步接入城市信息系统后,又将成为智慧城市的重要组成部分。智慧建造实现建筑全生命周期的智慧化,让工程质量提升,大幅减少资源损耗和降低碳排放,降低成本、减少浪费、减少返工、加快进度,让各方受益,实现绿色、智慧、高效的管理。随着我国城市化步伐的加速,城市的生态文明建设与可持续发展越来越重要,如何在城市建设中"推进绿色发展、循环发展、低碳发展"和"建设美丽城市"乃至建设"美丽中国",都对城市建设提出了新的考验。智慧城市加强现代科学技术在城市规划、建设、管理和运行中的综合应用,整合信息资源,提升城市管理能力和服务水平,促进产业转型,让人们的生活更美好。作为城市重要组成部分,基础设施和建筑的智慧化是城市智慧化和人民生活更美好的关键环节。因此智慧城市要求以"绿色、智能、宜居"的智慧建筑来满足整个城市的可持续发展和智慧运行。

(3)智慧工地能够推动建筑产业模式根本性变化。

智慧工地能够有效地优化管理和服务流程,推进产业技术创新和智能化产业发展,实现建设过程全生命周期智慧化,并有助于企业提升自主创新能力,增强核心竞争力和技术创新能力,进一步改善我国建筑业资源浪费这一严重问题,实现建筑业绿色生态化。同时,智慧工地还带有一定社会效益,可以改善民生,通过构建智慧家庭、智慧住宅等实践为市民提供一个全新的智能化宜居环境,改善全社会的生活面貌。随着传统的产业模式逐渐转换为以信息为主的现代化产业模式,生产效率将大大提高,产业结构也将得到优化。

1.3　智慧工地的发展

1.3.1　智慧工地的发展历程

改革开放以来,我国经济稳步发展,综合国力稳步增强,而建筑业作为推动我国经济发展的支柱产业之一,其2023年生产总值约为315912亿元,占国内生产总值的25.06%。建筑产业兴旺繁荣的同时,在安全、质量、进度、成本以及环境等方面存在着一些问题,传统的建造模式已经难以契合当前的发展需求,建筑业迫切需要改革产业结构和建造模式,实现精细化管理的转型升级。在此背景下,随着物联网、人工智能、BIM、云计算、GIS等技术不断发展革新,"智慧工地"就此诞生。

智慧工地在中国起步较晚,但整体发展较为迅速,当前已广泛应用于建筑施工现场,回顾其发展历程,主要分为三个阶段:第一阶段为2010—2014年,数字建造1.0时代,主要以碎片化应用为主,独立解决项目的基本管理;第二阶段为2015—2019年,数字建造2.0时代,该阶段以可视化展示为主要特点,数据化已形成基本路径,利用无线网络和App进行基本的系统集成,达到提高管理水平的建设目标;第三阶段为2020年至今,数字建造3.0时代,该阶段工程物联网技术不断发展,以实现建造全过程的数字化集成、施工技术全面智能、工作互联互通、5G数据传输、信息协同共享、决策科学分析、风险智慧预控为目的,并全面推进数字交付。

1.3.2 智慧工地的发展趋势

近年来,随着科学技术的进步,智慧工地的理论研究进入一个新纪元。其中一个重要的趋势就是BIM+。BIM+是指BIM技术在应用过程中,与其他先进技术相集成的一种形式。例如BIM+AI(artificial intelligence,人工智能)、BIM+VR(virtual reality,虚拟现实)、BIM+AR(augmented reality,增强现实)等。BIM+不是BIM和其他技术的简单组合,而是把包括BIM技术在内的两种或多种技术有机地融合起来,发挥出1+1>2的效果。

智慧工地的研究方向还包括对相关智能算法的优化。智能算法的改进与优化可以提升数据信息的吞吐量,提高管理者对工地控制的效率。例如,曾经广泛应用的神经网络算法正在被卷积神经网络算法逐步替代,这一改进不仅能够提高数据处理的效率,还能够扩展智慧工地的应用范围。

此外,智慧工地的发展与现有项目管理知识体系形成有机融合。依照美国项目管理协会(PMI)提出的项目管理知识体系(PMBoK),工程项目管理大致分为项目整合管理、项目范围管理、项目进度管理、项目成本管理、项目质量管理、项目人力资源管理、项目沟通管理、项目风险管理、项目采购管理和干系人管理十项。智慧工地+PMBoK成为未来发展趋势,如智慧工地+项目范围管理、智慧工地+项目沟通管理等。

智慧工地的发展还包括复杂环境下项目管理范式研究。随着工程规模不断扩大、技术不断更新、干系人参与方式逐渐多样化,工程项目管理者正面对日益复杂的项目环境,复杂项目管理成为一个亟待解决的工程难题。智慧工地理论为复杂项目管理提供思路,通过信息技术实现项目全景式分析,能够更好地应对复杂项目管理问题。

习题与思考题

1-1 什么是智慧工地?
1-2 智慧工地的建设意义是什么?

2 智慧工地建设基本原理

【内容提要】
　　本章主要内容包括智慧工地建设内容、智慧工地整体架构、智慧工地关键技术、智慧工地管理系统终端介绍及 PC 端与移动端对比。

【能力要求】
　　通过本章的学习,学生应熟悉智慧工地建设内容,熟悉智慧工地的整体架构,了解智慧工地物联网技术、信息传输与处理技术等关键信息技术,了解智慧工地管理系统 PC 端与移动端的区别。

2.1 智慧工地简介

建筑业是国民经济的支柱产业,为我国经济持续健康发展提供了有力支撑。但建筑业面临着能源资源消耗量大、劳动力短缺、资源浪费较多,以及环境污染严重等一系列问题,与高质量发展要求相比还有很大差距。在此背景下,智慧工地建设是稳增长、扩内需的重要抓手,也是助力实现碳达峰、碳中和目标的重要举措。

智慧工地控制指挥中心为数据集成枢纽,将建筑业信息技术与施工管理深度融合,综合运用 BIM、物联网、大数据、人工智能、移动通信、云计算及虚拟现实等技术,实现建筑施工全过程的数据自动采集、智能分析及智能预警,集成工程项目建设的所有数据,通过人机交互、感知、决策、执行和反馈,促进信息技术、人工智能技术与工程施工技术深度融合与集成,实现智慧工地信息化、智能化、标准化管理。

智慧工地系统能够实现建筑工地全方位、立体化的智慧管理,体现在以下几个方面。

(1)视频监控:施工现场 24 小时视频监控管理,支持视频回放。

(2)劳务实名制管理:通过对工地劳务人员日常考勤信息的采集、整理、分析和统计等,及时、准确地掌握用工现场的人员使用和流动情况。

(3)环境监测、喷淋联动:实时监测扬尘、噪声、湿度、温度、PM2.5/PM10、风速、风向等参数并进行智能预警分析,当温度过高或扬尘超标,可现场联动喷淋设备,实时改善工地施工环境。

(4)塔吊安全监测、吊钩可视化:通过在塔式起重机(简称塔吊)和塔吊大臂端安装各类传感器,来实时监测并预警分析质量、风速、幅度、倾角、高度以及群塔碰撞防护等参数,从而对塔吊运行状态进行监督管理。

(5)升降机安全监测:通过在升降机上安装各类传感器,实时监测升降机高度、重量、倾角等运行状态,可实现危险状态预警,历史监测数据、报警记录查询,以及监测数据变化趋势图查询等功能。

(6)卸料平台安全监测:通过前端质量传感器,对卸料平台是否超载进行实时监测与预警统计分析,有效避免因超载带来的倾覆和坠落情况。

(7)智能地磅:采取无人值守模式,通过布置相关传感器,对运输混凝土等称重材料的货车进行车牌识别与监控,对材料进行入场质量记录与统计等,加强对材料成本的管控。

(8)能耗管理:通过智能水电表实现远程抄表、定额定量用电用水、超额预警;同时监测三相电缆的温度、环境温度,以及是否有漏电流超标的情况,避免电箱起火造成安全事故等,有效降低项目上的能耗成本。

(9)AI隐患识别:在现有视频监控的基础之上加入人工智能(AI)技术,可识别施工人员未戴安全帽、未穿反光马甲等行为,发现后可立即报警(现场安装喇叭还能实现语音报警),报警信号同步推送至管理人员;同时形成抓拍照片台账,保存于系统后台数据库。将施工人员的不安全行为防患于未然,也使他们更好地形成安全生产意识。

(10)安全巡检:利用移动设备进行现场巡检、数据采集和管理,移动设备具有巡检任务管理、路线规划、数据采集、异常报警和统计分析等核心功能。

2.2 智慧工地整体架构

2.2.1 架构分层

一般而言,智慧工地系统是以三层架构为基础的。

(1)表现层(又称表示层、用户层)。用于和用户交互,提供用户界面和操作导航服务。完善的智慧工地系统,其表现层一般可通过 Web 界面或移动客户端实现。

(2)业务层(又称逻辑层、中间层)。用于业务处理,提供逻辑约束。包含复杂的业务处理规则和流程约束,可用于大批量数据处理、事务支持、大型配置、信息传送、网络通信等。很多开发者喜欢将业务层划分为三个子层:①负责与表现层通信的外观服务层;②负责业务对象、业务逻辑的主业务服务层;③负责与数据层通信的数据库服务层,建立 SQL 语句和调用存储过程。因适用项目的差异或开发者喜好不同,可对业务层再进行细化,而形成多层分布式体系结构。

(3)数据层(又称资源管理层)。用于保存和管理施工现场采集的或项目相关人员制作的有效数据。没有或较少有数据处理任务,但定义了大量的数据管理任务。

2.2.2 常见架构模式

因智慧工地系统适用的项目类型和项目相关单位不同,故存在架构层次划分的差异。目前建筑业中普遍存在具有不同层次的应用架构模式,智慧工地系统部分架构见表 2-1。

表 2-1 智慧工地系统部分架构汇总

序号	总层数	各层名称	作用
1	6层	智能采集层	将各类终端、施工升降机、塔式起重机作业产生的动态数据,工地周围的视频数据,混凝土和渣土车位置、速度信息上传至通信层
		通信层	由通信网络组成,是数据传输的集成通道
		基础设施层	通过移动网络基站等传递数据至远程数据库
		数据层	存储项目中的实时数据和历史数据的数据库系统
		应用层	包含进度、成本、安全、质量、环保、人员、节能、设备、物料等的智能分析运算
		接入层	包含浏览器界面和移动终端界面供用户选用

续表

序号	总层数	各层名称	作用
2	5层	现场应用层	通过一系列实用的专业系统(如施工策划、人员管理、机械设备管理、物资管理、成本管理、进度管理、质量安全管理、绿色施工、BIM应用等)对施工现场设置的装置[如模拟摄像机、编码器、射频识别(RFID)装置、报警探测器、环境监测装置、门禁、二维码、智能安全帽、自动称重装置、车辆通行装置]进行数据采集
		集成监管层	方便企业管理层对项目管理者进行监管。通过标准数据接口对项目数据进行整理和统计分析,实现施工现场的成本、进度、生产、质量、安全、经营等业务的实时监管
		决策分析层	在集成监管层的基础上,应用数据仓库、联机分析处理(OLAP)和数据挖掘等技术,通过多种模型进行数据模拟,挖掘关联,可进行目标分析、资金分析、成本分析、资源分析、进度分析、质量安全分析和风险分析等
		数据中心层	为支持各应用而建立的知识数据库系统,包括人员库、机械设备库、材料信息库、技术知识库、安全隐患库、BIM构件库等
		行业监管层	适用于政府部门按照法律法规或规范规程进行行业监管,包括质量监管、安全监管、劳务实名制监管、环境监管、绿色施工监管等
3	4层	前端感知层	由传感器等智能硬件构成,主要用于施工现场数据采集
		本地管理层	将前端感知层的数据通过无线方式上传到本地管理平台,进行数据显示等处理
		云端部署层	将本地管理层的数据通过无线方式实时上传到智慧工地云平台,在云平台利用大数据技术,对数据进行统计处理,然后以折线图等方式显示,助力决策层决策
		移动应用层	将智慧工地云平台处理过的数据通过移动互联网技术,推送到智慧工地App,决策者可以随时随地查看施工现场情况和数据以进行决策
4	3层	数据访问层	对施工现场各类数据进行采集
		业务层	结合项目管理目标进行各类业务分析
		用户层	将分析结果传递到用户界面

对于架构层次的划分,目前尚无具体的行业标准或规范要求。项目相关单位根据自身的管理需求和实现目标,委托不同的软件公司进行独立的开发设计,因此智慧工地产品间的差异性较大。

2.2.3 平台整体架构图

智慧工地云平台是通过建立以云计算、物联网、大数据等信息化技术为基础的施工现场智慧管理系统,对从业人员、施工机械设备、建筑材料、施工工艺、施工环境等进行动态管理,形成事前预防预控、事中智能管控、事后统计分析、全过程智慧决策的闭环管理,有效提升施工现场现代化管理水平。

智慧工地采用作业区终端+云端管理平台的应用模式。系统依托于工地无线/有线局域网、无线/有线传感网、数据接收设备以及相关传感设备等信息基础设施,可通过统一的系统门户登录工地物联网管理平台。

智慧工地架构图见图 2-1。从图中可以看出,该智慧工地系统架构分为 5 层,依次为感知层、传输层、数据层、应用层和展现层。

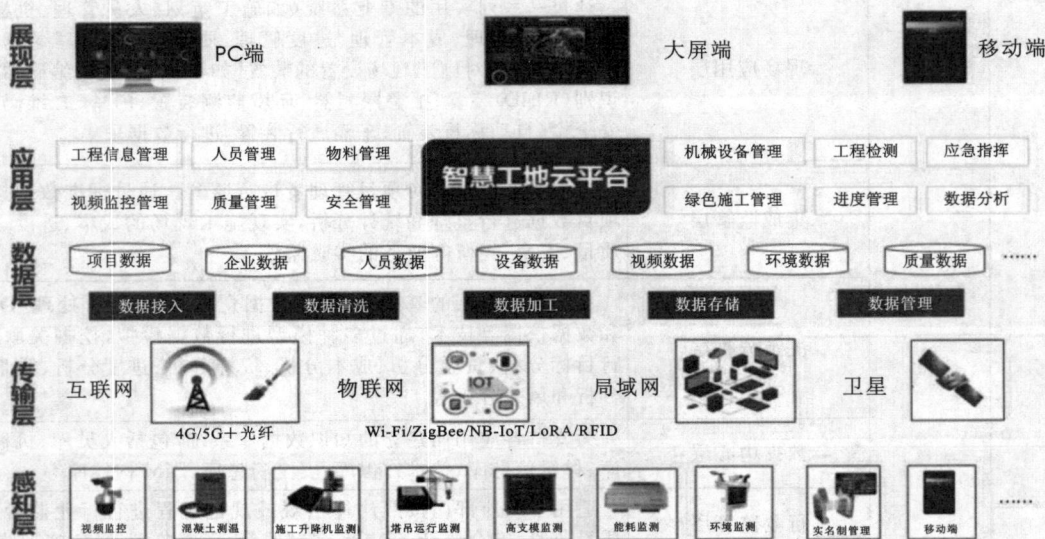

图 2-1 智慧工地架构图

2.3 智慧工地关键技术

在智慧工地的实施过程中,会利用多种不同的关键信息技术解决施工现场的管理问题,这些技术主要包括物联网技术、信息传输与处理技术、智能分析相关技术、BIM 技术等。此外,快速发展的智能分析相关技术也将支持智慧工地的分析决策。从智慧工地总体架构角度分析,物联网技术主要实现了智慧工地的数据采集,信息传输与处理技术主要实现了信息的高效传输、储存和计算,智能分析相关技术利用收集的信息进行应用层的决策支持,BIM 技术用以建立建筑产品的数字化模型。

2.3.1 物联网技术

《2016—2020 年建筑业信息化发展纲要》中明确将物联网(internet of things,IoT)技术作为提高建筑业信息化的核心技术。在智慧工地的总体框架下,物联网技术将通过各类传感器、射频识别、图像与视频识别、位置定位系统、激光扫描器等信息传感设备,按约定的协议,将施工相关物品与网络连接,进行信息实时收集、传输和处理,为智慧工地的信息处理和决策分析提供实时的数据支撑。

1. 传感器技术

(1)传感器技术概述。

《传感器通用术语》(GB/T 7665—2005)将传感器定义为能感受被测量并按照一定的规律转换成可用输出信号的器件或装置。传感器技术作为信息获取的重要手段,与通信技术和计算机技术共同构成信息技术的三大支柱。传感器已被应用于诸如工业生产、宇宙开发、海洋探测、环境保护、资源调查、医学诊断、生物工程甚至文物保护等极其广泛的领域。传感器具有微型化、数字化、智能化、多功能化、系统化、网络化等特点,是实现自动检测和自动控制的首要环节。在智慧工地框架下,传感器技术是获取最重要的施工现场信息的方式之一。

(2)传感器技术的特点。

①精度高:传感器能够检测物理量(如温度、湿度、压力等)并将其转换为电信号,并且能精确感知微小的变化。

②灵敏度高:传感器对外部环境变化的敏感度很高,能够在不同的场景下快速响应。

③微型化:随着技术的进步,传感器的尺寸越来越小,便于嵌入各种设备中,尤其适用于物联网设备和便携式设备。

④集成性强:传感器能够与计算、通信等技术结合,实现数据的实时采集、传输与处理。传感器阵列或集成多种传感器的设备也逐渐普及,进一步增强了信息采集能力。

⑤低功耗:现代传感器的功耗越来越低,尤其是无线传感器网络中的传感器,这使得它们能够长期稳定工作,延长使用寿命。

⑥智能化:随着人工智能和大数据技术的发展,传感器逐渐具备智能化特点,能够进行数据预处理、自校正、故障诊断等,提升了其应用的广泛性和可靠性。

⑦环境适应性强:传感器可以适应各种复杂、恶劣的工作环境,在高温、高湿、强磁场等特殊环境下仍能稳定工作。

(3)传感器技术在建筑业的应用。

施工现场的传感器主要用于采集施工构件的温度、变形、受力和设备的运行情况等反映施工生产要素状态的数据。目前施工现场常见的传感器包括质量传感器、幅度传感器、高度传感器、回转传感器、运动传感器、旁压式传感器、环境(PM2.5、PM10、噪声、风速等)监测传感器、烟雾感应传感器、红外传感器、温度传感器、位移传感器等。其中,质量传感器、幅度传感器、高度传感器和回转传感器可用于塔吊、升降机等垂直运输机械的运行状态监控,对塔吊、升降机发生超载和碰撞事故进行预警和报警;运动传感器既可以用于施工机械的运行状态监控,记录机械的运行轨迹和效率,也可以进行施工人员运动和职业健康状态监测;旁压式传感器主要用于卸料平台的安全监控;环境监测传感器负责施工现场各区域的劳动环境监测;烟雾感应传感器主要用于现场防火区域的消防监测;红外传感器主要用于周界入侵的监测;温度传感器主要用于对混凝土的养护温度以及冬期施工的环境温度进行监测;位移传感器主要用于检测诸如桥梁、房屋结构构件的变化,房屋的倾斜、沉降,地质灾害预警等。

2.射频识别技术

射频识别(RFID)技术是一种可以通过无线电信号识别特定目标并读写相关数据的无线通信技术,该技术作为构建物联网的关键技术,近年来受到人们的关注,在智慧工地整体框架下,RFID技术是施工现场信息捕捉的重要手段之一。

(1)RFID系统的组成。

RFID系统主要由三个部分组成,系统简化图如图2-2所示。

①RFID卡(tag):也被称为智能标签,分为有源标签和无源标签。有源标签带有独立供电系统,可以主动发送信号;无源标签则没有电源,需要由读写器提供能量才能发送信号。标签内含有电子存储芯片,用于存储信息。

②RFID 卡读写器(reader):用于发射信号激活标签,并读取或写入标签内的数据。根据应用的不同,读写器可以是固定式的,也可以是手持式的。

③后台数据库(database):存储 RFID 系统读取的数据,并与之进行交互,以管理和处理数据,实现更复杂的数据分析和应用。一般为 PC,也有一些是嵌入式系统。

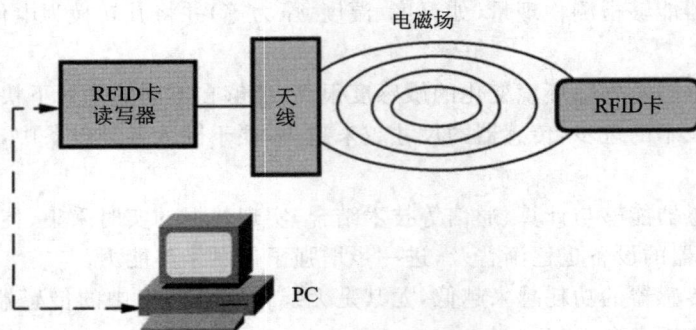

图 2-2　RFID 系统简化图

(2)RFID 技术的特点。

①识别速度快:RFID 技术能够实现快速、准确的资产识别,相比传统条形码读取方法更快。

②标签数据存储容量大:RFID 卡可以存储大量的数据。

③可识别高速移动的标签,并可同时识别多个标签,提高数据读取的效率和准确性。

④操作快捷方便,标签使用寿命长,可以进行动态通信,实现非接触式自动识别。

⑤体积小型化,形状多样化,适应各种物品的识别需求。

⑥抗污染能力和耐久性强:RFID 卡能够适应恶劣的环境条件。

⑦可重复使用,方便信息的更新和数据的动态修改。

⑧穿透性和无屏障阅读:标签和读写器之间的通信无需接触,不会受到物理障碍的影响。

⑨安全性高:数据可以加密,通信过程中使用校验技术,提高数据的安全性。

⑩实时性:RFID 系统能够实时采集和处理资产数据,让管理者随时掌握资产的实时信息。

⑪自动化:RFID 技术可以在扫描区域读取和处理标签数据,避免传统识别方法的人工操作和出错。

⑫赋能智能制造工业:被广泛应用于物流管理、身份识别、防伪溯源等领域。

⑬提高库存管理精度:通过自动识别标签,可以快速、准确地获取物品的位置和数量信息。

⑭实现信息共享和协同作业:通过将 RFID 系统与企业的 ERP、CRM 等系统集成,可以实现信息的实时共享和协同作业。

综上所述,RFID 技术因其高速、准确、可靠的识别能力以及强大的数据存储和处理功能,在多个领域展现了广泛的应用优势。

(3)RFID 技术在建筑业的应用。

RFID 技术的应用背景主要体现在以下几个方面:首先,RFID 技术具有非接触性,可以在不直接接触的情况下实现信息的读取和传播,提高工作效率;其次,RFID 技术具有快速响应性,可以实现对物体的实时监控和管理;再次,RFID 技术具有高精度,可以提高数据的准确性和可靠性;最后,RFID 技术具有低成本的特点,可以降低企业的运营成本。

在建筑领域,RFID 技术的应用主要体现在以下几个方面。

①门禁管理：通过安装 RFID 门禁系统，可以实现对建筑物内部人员的自动识别和管理，提高安全性。例如，员工可以通过佩戴 RFID 卡片进入建筑工地，而访客则需要通过身份验证后才能进入。

②资产管理：通过对设备和物品安装 RFID 标签，可以实现对建筑项目资产的全生命周期管理，提高资产利用率。

③能源管理：通过安装 RFID 传感器，可以对建筑物的能源消耗进行实时监控和分析，从而实现节能减排的目标。

④交通管理：通过安装 RFID 系统，可以实现对停车场车辆的自动识别和管理，提高停车场的使用效率。例如，停车场管理员可以通过 RFID 技术对进场和离场车辆的信息进行实时采集，减少人工操作，提高工作效率。

总之，RFID 技术在建筑领域的应用不仅可以提高建筑物的安全性和管理水平，还可以实现能源管理和交通管理等的智能化，为企业和社会带来显著的效益。随着 RFID 技术的不断发展和完善，其在建筑领域的应用将更加广泛和深入。

3.图像与视频识别技术

（1）图像与视频识别技术概述。

由于机器学习等大数据技术的发展，对物体、动作的识别成了图像与视频识别技术目前最重要的发展方向。

①图像识别是指利用计算机对图像进行处理、分析，以识别各种不同目标和对象。针对图像识别，主流的处理方法是进行局部特征点提取。一幅图像的数据矩阵中可能包括很多无用信息，必须筛选这些数据并提取出图像中的关键信息，如一些基本元件以及它们的关系。

②视频识别是对采集的视频画面进行识别。针对视频识别，主流的方法是单帧识别，就是对视频进行截帧，然后基于图像粒度（单帧）进行识别表达。然而，一帧图相对整个视频是很小的一部分，特别是当这帧图没有很好的区分度或是一些与视频主题无关的图像时，会让分类器无法进行分类。因此，学习视频时间域上的表达是提高视频识别效率的主要方法。视频识别为自动驾驶等需要处理视频画面的应用提供了自动的物体识别支持。

（2）图像与视频识别技术在建筑业的应用。

部分图像和视频识别技术已经成熟地应用于施工现场。目前应用最为广泛的为施工现场视频监控，主要通过施工现场布置的摄像头获取视频信号，对视频信号进行处理和分析，以实现对施工现场周围区域和内部区域的管理。该应用已经可以实现对例如佩戴安全帽、危险动作等场景的识别，以及对施工人员的自动追踪拍摄。近年来，相应的研究成果还有利用图像技术进行施工进度的实时监控、人员安全带和防护栅栏等安全装置状态识别、工程质量评价以及施工现场扬尘监测。总结起来，图像与视频识别技术在建筑业中的主要应用可以划分为以下三个方面。

①施工现场人员危险性行为或错误操作的监控。

②施工现场建筑物情形的监控。

③人脸考勤监控。

相关图像和视频设备已经在施工现场成熟应用，这使得它们成为较容易投入应用的施工现场信息获取手段之一。

2.3.2 信息传输与处理技术

1. 移动互联网技术

(1)移动互联网技术概述。

移动互联网技术是将移动通信技术和互联网技术相结合的一种新兴技术。它打破了地域和时间的限制,使用户能够随时随地通过移动终端访问互联网。通过移动互联网技术,用户可以实现移动办公、移动支付、移动购物、移动娱乐等,生活变得更加方便。

(2)移动互联网技术的特点。

①移动性:智能终端最大的特点是具有移动性。用户可以实现随时随地的网络接入和信息获取;另外,移动终端还具有天然的定位功能,可以精确获取用户的移动性信息。

②个性化:对终端而言,用户将个人与移动终端绑定,个体通常可以选择自己喜欢的应用和服务;对网络而言,移动网络可以实时跟踪并分析用户的需求和行为变化,并以此做出相应改变来满足用户个性化需求。

③碎片化:一方面,表现为时间上的间断性,与传统 PC 不同,移动上网的时间很短,而且很容易被打断;另一方面,用户获取信息的过程呈现出间断性的特点,用户可以利用碎片化的时间来获取信息。

(3)移动互联网技术在建筑业的应用。

移动互联网技术在建筑领域的应用还处于早期发展阶段,目前仅在现场管理沟通、建筑施工教育方面有一些实践。在相关研究中,移动互联网技术在施工供应链和现场信息交互方面有较大的应用前景。例如,传统的施工供应链无法进行实时的信息交互,而移动互联网使之成为可能。通过移动互联网技术,各个供应商和相应的运输车辆可以及时分享信息,这从整体上提高了施工供应链的管理水平;施工现场的移动互联网也使施工机械,如塔吊能够实时与安全监控系统进行通信,提高塔吊的主动安全防护能力。在智慧工地的框架下,移动互联网技术将作为一种重要的信息传输技术,方便施工人员间、施工机械设备间、施工人员与施工机械设备间随时随地进行信息交互,也将成为构成智慧工地信息交互网络的一个重要组成部分。

2. 云计算

(1)云计算概述。

美国国家标准与技术研究院将云计算(cloud computing)定义为提供可用的、便捷的、按需的、可配置的计算资源(资源包括网络、服务器、存储、应用软件、服务)共享池的网络访问服务,这些资源能够被快速提供,且只需投入很少的管理工作,或与服务供应商进行很少的交互。根据美国国家标准与技术研究院的定义,云计算服务应该具备以下特征:随需应变服务、随时随地用任何网络访问、多人共享计算资源池、快速重新部署、可以被监控测量的服务。云计算使计算分布在大量的分布式计算机上,而非本地计算机或远程服务器中,因此,云计算拥有超强的计算能力。云计算是分布式处理(distributed computing)、并行处理(parallel computing)和网格计算(grid computing)的发展,是这些计算机科学概念的商业应用。许多信息技术行业的跨国公司,如国际商业机器公司(IBM)、雅虎(Yahoo)和谷歌(Google)等正在使用云计算的概念兜售自己的产品和服务。通过互联网技术,云计算的用户和计算资源共享池进行信息交互。由于所访问的计算资源共享池的计算能力超强,因此,云计算甚至可以让用户体验每秒 10 万亿次的运算能力。

（2）云计算的核心技术。

①虚拟化技术：虚拟化技术是云计算的基础技术，它通过在一台物理服务器上运行多个虚拟机，实现计算资源的动态分配与隔离。虚拟化技术使得硬件资源的利用率大大提高，用户可以在不感知底层物理硬件的情况下计算、存储和使用网络资源。

②分布式计算：云计算基于分布式系统，计算任务可以分布到多个物理服务器上并行处理。这种架构极大提升了系统的可扩展性和容错能力，使其能够处理海量数据和高并发请求。

③存储技术：云计算中的存储系统必须支持海量数据的高效管理和访问。分布式文件系统（如HDFS）和对象存储技术是云存储的核心，它们能够保证数据的持久性、可扩展性和冗余备份，同时提供高效的数据检索和访问能力。

④容器技术：容器技术（如 Docker、Kubernetes）是云计算中的重要工具，它提供了应用的轻量级虚拟化环境，便于应用的部署、扩展和迁移。容器技术比传统虚拟机更加高效，并且在云原生架构中得到广泛应用。

⑤自动化和编排技术：在云计算中，资源的动态调度、管理和监控至关重要。编排工具（如 Kubernetes）用于管理容器化应用，自动进行扩展、负载均衡、故障处理等操作，保证系统的高可用性和可扩展性。

⑥网络技术：云计算的网络架构需要支持高带宽、低延迟和安全的通信。软件定义网络（SDN）和网络功能虚拟化（NFV）技术实现了网络资源的灵活配置与管理，增强了云数据中心的网络性能。

⑦安全技术：云计算环境的安全技术包括数据加密、访问控制、身份认证、多租户隔离等手段，确保数据和服务的安全性。云计算服务商通常提供一系列安全措施，包括防火墙、入侵检测系统（IDS）以及日志审计等。

⑧大数据技术：云计算与大数据技术密切相关，Hadoop、Spark 等大数据处理框架能够在云环境中进行分布式数据处理和分析。云计算提供了弹性资源，支持大规模的数据存储与实时分析。

⑨自动化运维（DevOps）：DevOps 理念与工具在云计算中得到了广泛应用，通过持续集成（CI）、持续交付（CD）等流程，实现了应用的快速部署、自动化运维与监控，极大提高了开发和运维效率。

（3）云计算在建筑业的应用。

云计算在建筑行业中有许多应用，包括以下几个方面。

①项目管理和协作：云计算可以提供强大的项目管理和协作工具，使得建筑项目的各参与方（如设计师、工程师、承包商等）能够实时访问和共享项目相关信息，并进行实时的协作和沟通，从而提高项目管理的效率和项目信息的准确性。

②资源和设备管理：云计算可以帮助建筑公司实现对各种资源和设备的管理，包括材料、设备、人力资源等。通过云平台，可以实时跟踪和管理这些资源的使用情况、位置和状态，从而提高资源利用率和项目管理效率。

③建筑信息模型（BIM）：云计算可以支持 BIM 的创建、共享和管理。BIM 是一种建筑设计和管理的集成化技术，通过建立一个三维的、可视化的模型，将建筑的设计、施工和维护等各个环节进行集成管理。云计算可以提供强大的计算和存储能力，使得多个参与方可以实时访问和更新BIM，从而提高设计和施工的效率和准确性。

④数据分析和预测：云计算可以对大数据进行分析和挖掘，从而为建筑行业提供更好的决策支持。通过对建筑项目和运营数据的分析，云计算可以识别出优化和改进的方向，并进行相应的预测

和模拟,提高建筑的可持续性和效益。

⑤虚拟化和远程操作:云计算可以支持虚拟化和远程操作,通过云平台,可以实现对建筑设备和系统的远程监控、管理和操作,从而实现更高效、便捷和安全的建筑运维。

总之,云计算在建筑行业中的应用可以提高项目管理效率、资源利用率和建筑质量,同时减少成本,降低风险,推动建筑行业向数字化和智能化方向发展。

3.大数据技术

(1)大数据技术概述。

大数据技术是一种用于收集、管理、存储、处理和分析大规模数据的技术手段。通过使用大数据技术,人们能够从海量的数据中提取有价值的信息,从而支持决策和创新。该技术所涉及的数据量极为庞大,数据类型丰富多样,数据处理过程复杂,其应用的领域十分广泛。

(2)大数据技术的核心技术。

大数据技术的核心技术一般包括大数据采集、大数据预处理、大数据存储及管理、大数据分析及挖掘、大数据展现和应用(大数据检索、大数据可视化、大数据应用、大数据安全等)。

①大数据采集技术:大数据采集是通过 RFID 技术、传感器以及移动互联网等方式获得各种类型的结构化及非结构化的海量数据。大数据采集一般分为大数据智能感知层和基础支撑层,其功能如下。

a.大数据智能感知层:主要包括数据传感体系、网络通信体系、传感适配体系、智能识别体系及软硬件资源接入系统,实现对结构化、半结构化、非结构化的海量数据的智能化识别、定位、跟踪、接入、传输、信号转换、监控、初步处理和管理等。

b.基础支撑层:提供大数据服务平台所需的虚拟服务器,结构化、半结构化及非结构化数据的数据库及物联网络资源等基础支撑环境。基础支撑层重点攻克分布式虚拟存储技术,大数据获取、存储、组织、分析和决策操作的可视化接口技术,大数据的网络传输与压缩技术,大数据隐私保护技术等。

②大数据预处理技术:大数据预处理主要是完成对已接收数据的抽取、清洗等操作。

a.抽取:因获取的数据可能具有多种结构和类型,数据抽取过程可以将这些复杂的数据转化为单一的或者便于处理的构型,以达到快速分析处理的目的。

b.清洗:大数据并不全是有价值的,有些数据并不是我们所关心的内容,而另一些数据则是完全错误的干扰项,因此要通过对数据过滤去噪从而提取出有效数据。

③大数据存储及管理技术:大数据存储及管理是用存储器把采集到的数据存储起来,建立相应的数据库,并进行管理和调用。

④大数据分析及挖掘技术:大数据分析及挖掘技术是大数据技术的核心技术之一。该技术主要是在现有的数据上进行基于各种预测性分析的计算,从而起到预测的效果,满足一些高级数据分析的需求。数据挖掘就是从大量的、不完全的、有噪声的、模糊的随机实际数据中,提取隐含在其中的、人们事先不知道的但又是潜在有用的信息和知识的过程。

⑤大数据展现和应用技术:大数据展现和应用技术能够将隐藏于海量数据中的信息展现出来,从而提高各个领域的运行效率。在我国,大数据重点应用于商业智能、政府决策和公共服务三大领域。

(3)大数据技术在建筑业的应用。

大数据技术在建筑业的应用,不仅提升了工程效率和建筑质量,还为建筑企业决策和管理提供了重要支持,其应用主要体现在以下几个方面。

①建筑设计优化:大数据技术能够分析大量的设计方案和施工案例,帮助建筑设计师更好地进行建筑设计决策。通过大数据技术分析过去项目中的成功经验与失败案例,建筑设计变得更加高效、节能,能更好地满足客户需求。

②工程进度与成本管理:通过对施工现场的实时数据采集和分析,建筑企业可以更精确地监控项目的进度与成本。大数据帮助分析历史数据,预测项目的预算超支或工期延误风险,从而进行有效调整和优化管理。

③智能建筑与设施管理:大数据与物联网相结合,能实时监测建筑设施如暖通空调系统、照明系统和安防系统等的运行状态。通过大数据分析,可以优化能源使用、降低维护成本,并提高建筑物的整体效率和舒适性。

④施工安全管理:大数据技术帮助监控施工现场的安全状况,通过对施工人员活动、设备运行和环境数据的实时监测,提前预测和预防安全事故,通过对历史数据分析还能为安全管理政策提供依据,减少事故发生率。

⑤建筑生命周期管理:大数据可以贯穿建筑的全生命周期,从设计、施工到运营和维护阶段。通过对建筑物历史数据的持续分析,可以有效延长建筑物的使用寿命,优化维护决策,提升资产管理的精确度和效率。

2.3.3　智能分析相关技术

1. 人工智能技术

(1)人工智能技术概述。

人工智能(artificial intelligence,AI)技术是一门研究、开发用于模拟、延伸和扩展人的智能的理论、方法、技术及应用系统的新技术科学。

(2)人工智能技术的核心技术。

①机器学习(machine learning):机器学习是人工智能的核心技术之一,通过分析大量数据,系统可以自主学习和优化。它不依赖于明确的编程规则,而是通过数据驱动的模型来进行预测或决策。

②神经网络与深度学习(neural networks & deep learning):神经网络模拟人脑神经元的工作方式,特别是在深度学习框架中,通过多个层级的神经元连接,使机器能够识别和处理复杂的数据。深度学习作为机器学习的一个子领域,是近年来推动 AI 进步的重要技术,尤其在计算机视觉、自动驾驶等领域展现了强大性能。

③自然语言处理(NLP):NLP 使计算机能够理解、生成和处理人类语言。它包括语音识别、语言翻译、情感分析和自动生成文本等。随着预训练语言模型(如 GPT)的发展,NLP 在对话系统、自动摘要和智能客服中得到了广泛应用。

④计算机视觉(computer vision):计算机视觉通过算法让计算机"看懂"图像和视频。它可以实现物体检测、图像分类、面部识别等功能。计算机视觉技术被广泛应用于自动驾驶、医疗影像分析和安防监控等领域。

⑤强化学习(reinforcement learning):强化学习是通过试探和反馈来学习如何采取最佳行动的技术。系统通过与环境的互动,利用奖励或惩罚信号调整策略,逐步优化决策过程。该技术广泛用于游戏 AI、机器人控制和自动化系统。

（3）人工智能技术在建筑业的应用。

人工智能技术在建筑业的应用日益广泛，以下是几大主要应用领域。

①智能设计与规划：人工智能可以通过分析建筑设计的历史数据、材料特性和用户需求，帮助建筑师进行智能化设计和规划。AI算法能够生成多种设计方案，优化建筑布局、材料使用以及能耗，提升设计效率并减少浪费。

②施工进度监控与优化：利用人工智能，建筑工地可以实时监控施工进度。通过处理无人机、摄像头等设备采集的数据，AI模型能够分析现场情况，识别潜在问题，如进度滞后或资源分配不均，从而及时进行调整，提高施工效率。

③建筑安全管理：AI技术结合视频监控和传感器数据，可以实时分析施工现场的安全情况，识别潜在的安全隐患，如检测是否有人员未按规定穿戴安全装备等。通过这种方式，AI系统能够预防事故，提升现场安全水平。

④建筑物维护与管理：在建筑物的维护阶段，AI可以通过物联网设备收集数据，预测设备故障和建筑结构问题。AI的预测性维护能力能够缩短建筑设备的停机时间，延长设备寿命，优化建筑运营成本。

⑤能源管理与优化：AI技术能够分析建筑物的能源消耗数据，优化能源使用。例如，根据室内外环境的变化，通过智能控制系统，自动调整照明、暖通空调等设备的运行方式，降低能源消耗，提升建筑的节能效果。

2.虚拟现实技术

（1）虚拟现实技术的概念。

虚拟现实（virtual reality，VR）技术是一种通过计算机技术创建虚拟环境的技术，使用户能够在该虚拟世界中进行沉浸式体验和交互。虚拟现实系统生成三维虚拟场景，用户利用头戴式显示器（HMD）、运动感应设备、手柄等硬件，通过视觉、听觉和触觉等感官的综合体验，与虚拟世界中的对象和环境进行交互。

虚拟现实技术的核心在于通过仿真技术，让用户感受到与真实世界相似的沉浸感和互动感。VR技术被广泛应用于游戏、教育、医疗、建筑设计等多个领域，用来模拟真实或想象的场景，提供一种逼真且高度交互的用户体验。

（2）虚拟现实技术在建筑业的应用。

虚拟现实技术在建筑业中的应用提升了设计效率、增强了客户体验、优化了施工流程，并提高了安全培训的有效性。虚拟现实技术在建筑业中的应用主要体现在以下几个方面。

①设计与可视化：VR技术可以创建建筑设计的三维模型，让建筑设计师和客户在虚拟环境中进行沉浸式体验。这种可视化方式使得用户能够更好地理解空间布局、材料和光线效果，从而在施工前做出有效的设计调整。

②客户互动与反馈：利用VR技术，建筑设计师可以为客户提供虚拟导览，帮助他们在设计阶段体验未来建筑的细节。客户可以在虚拟环境中直观地感受设计效果，提出意见和建议，从而提高最终方案的满意度。

③施工模拟与规划：VR技术可以用于模拟施工过程，帮助项目管理团队识别潜在的施工难点和资源需求，可以减少实际施工中的错误，优化资源配置，提高工程效率。

④培训与安全演练：VR技术提供了一个安全的环境，用于培训建筑工人和管理人员。通过模拟各种施工场景和安全协议，工人可以在虚拟环境中学习技能，从而降低真实施工现场发生事故的风险。

⑤维修与管理：在建筑的后期管理中，VR技术可以用来模拟维护和检查过程。管理人员可以在虚拟环境中查看建筑的维护需求，制订更有效的维修计划。

2.3.4　BIM 技术

建筑信息模型（building information modeling，BIM）技术作为智慧工地的核心信息技术之一，在信息化、智能化平台建设中，为项目精细化管理提供数据支持和技术支撑，在打造智慧工地的过程中具有关键作用，是构建项目现场管理的信息化系统的重要技术手段。

（1）BIM技术的优势。

BIM技术在应用过程中相较于传统建筑行业全生命周期中的管理模式有极大的优势，具体如下。

①可视化：BIM技术依靠三维立体建模技术，将以往二维设计中线条式的构件转变成三维可视化立体图形，有助于施工方准确理解各个构件的结构造型和完整的设计方案，避免错误施工、返工、误工等现象。

②协调性：BIM技术通过数字信息技术，将项目相关产权单位（建设方、施工方、设计方等）所有项目信息反映在设计方案中，能够综合各专业的方案，及时进行相关检查，同时也为项目相关人员提供共同工作的平台，有助于进行及时的交流协调与修改完善。

③模拟性：BIM技术不仅能对整个建筑进行三维立体模型的模拟，还可以对施工方案进行模拟实验与成本预算，以此选择更加合理的施工方案和更高效的成本控制方案，有助于提高生产效率、节约成本和缩短工期。

④优化性：任何项目从规划设计到施工运营的过程都涵盖了众多信息，包括设计方与施工方的选择、构件的选型与采购、运营维护方案的设计等多个方面，而单纯依靠人力完成复杂问题的分析以确定最优方案是极为困难的，BIM技术恰恰可以综合项目的所有信息，对项目设计方案和投资回报进行综合分析并优化，达到节约成本、缩短工期、利益最大化的目的。

⑤可出图性：BIM技术可以对设计方案、修改深化后的方案、施工方案、优化方案等进行出图展示，使项目的各个环节都有图可依，加快了施工进度。

（2）BIM技术在智慧工地中的应用。

随着BIM技术的不断深入发展，其已被应用于各类工程项目的各个阶段，BIM技术的优势也愈加明显。同时，BIM技术可有效解决工程项目所面临的各种技术难题，因此，在打造智慧工地的过程中，BIM技术将以建设项目全生命周期的各个阶段为基点，完成项目精细化管理与建设，为智慧工地中"人、机、料、法、环"等关键因素的控制管理提供信息技术支持。

应用BIM技术可以全面、精确、及时地为智慧工地提供建筑相关数据，具体如下。

①应用BIM技术可完成工程项目的三维可视化模型设计，同时生成建筑物的平面、立面、剖面图纸，为后期施工建设提供精准详细的指导。

②BIM技术的一大优势是信息无损传递，整个建造过程的模型都来自最开始的设计模型，并随着建造过程的实施而同步更新。同时，工程量的准确计算可以为成本估算提供可靠的证据，也可为业主进行不同方案的比选以及施工过程中的工程预算和竣工决算提供依据。

③在模型设计过程中，将各类材料的相关信息（属性、生产厂家、成本等）及各构件的属性信息导入BIM软件，建立BIM数据库，清晰显示，同步更新，方便建设方与施工方掌握最新最全的工程资料。

2.4 系统终端介绍

智慧工地管理系统是以软件集成框架、运行支撑环境、开发工具组件为基础环境,以物联网、异构数据存储、数据集中展现三个中间件为物联网技术支撑,构建1个管理平台、多个业务系统,实现建筑工地现场全方位、立体化的综合管理应用系统,对外展示的窗口可分为 PC 端、移动端、大屏端,支持市面上各类移动通信设备,见图 2-3。

图 2-3 管理平台多端显示

2.4.1 PC 端

智慧工地管理系统在 PC 端主要完成施工模型的相关数据调取和呈现,各端数据通过云平台进行在线协同。用户可一站式登录智慧工地管理系统 PC 端,登录页面见图 2-4。智慧工地管理系统 PC 端可实现各模块 BI 看板(图 2-5)和后台管理系统(图 2-6)的切换,主要展现项目工程概况、实时监测数据、工程进展状况、质量安全数据等。

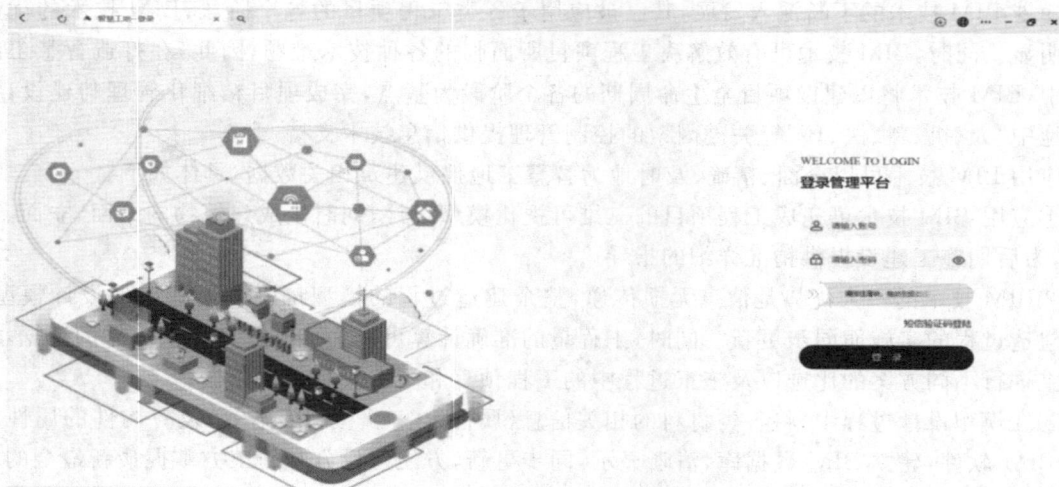

图 2-4 智慧工地管理系统 PC 端登录页面

图 2-5   智慧工地管理系统 PC 端 BI 看板

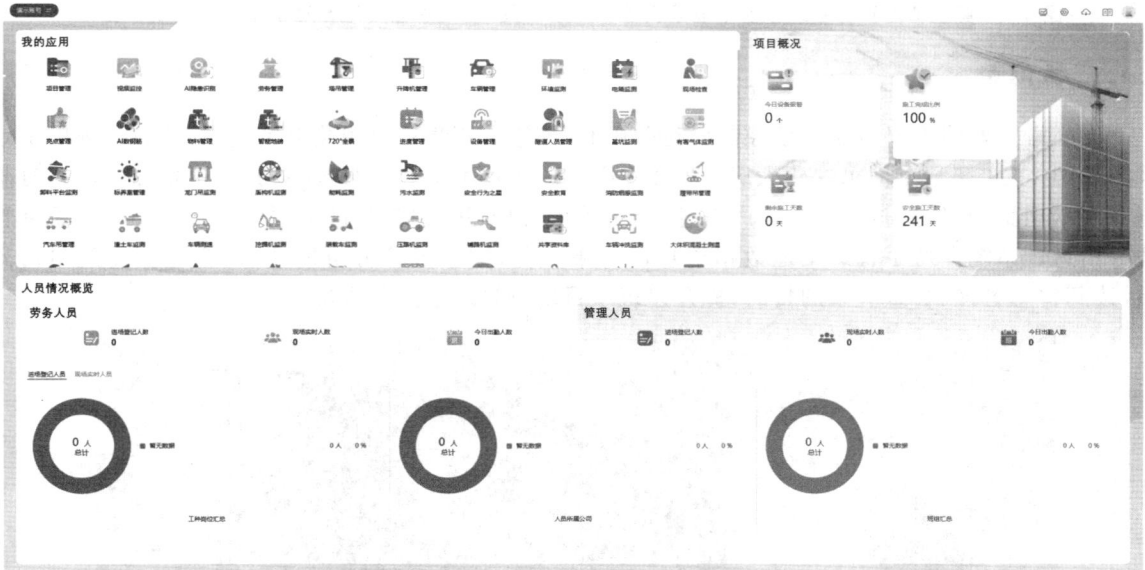

图 2-6   智慧工地管理系统 PC 端后台管理系统

2.4.2   移动端

　　智慧工地管理系统移动端(图 2-7、图 2-8)是通过手机 App 或微信小程序等移动端进行智慧工地系统控制及内容呈现,针对智慧工地作业现场管理应用需求,提供包括劳务管理、塔吊管理、升降机管理、车辆管理、环境监测等管理内容,与智慧工地管理系统 PC 端协同使用,实现便携化、可移动化,弥补 PC 端覆盖不足的缺陷。

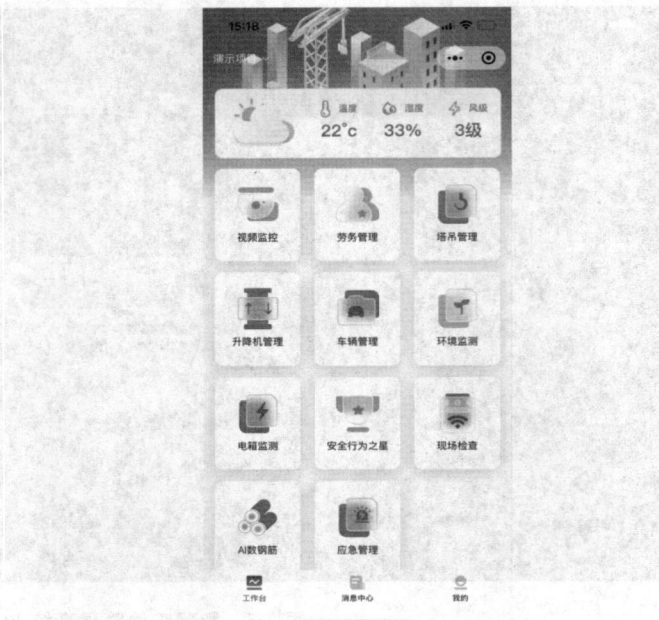

图 2-7　智慧工地管理系统移动端登录页面　　图 2-8　智慧工地管理系统移动端工作台

2.4.3　大屏端

　　大屏端主要建设于智慧工地控制(指挥)中心,用于远程集中可视化调度施工,智慧大屏展示效果图见图 2-9。智慧工地可视化大屏一般由 LED 或 LCD 大屏和操纵设备构成,可依据要求实时监测并展示项目的概况信息、安全生产信息、建筑质量管理、进度管理、人员管理、生产管理和预警管理等信息。系统保持了智慧工地数据信息内容集成化、数据统计分析的功效,合理提高新项目品质,达到智慧管理、智慧决策的目的,提升建筑项目现场管理信息化水准。

图 2-9　智慧大屏展示效果图

2.5 PC 端与移动端对比

2.5.1 劳务实名制管理系统对比

劳务实名制管理系统主要是通过人员总览、实名制查询、持证信息、人员考勤、人员考勤统计、人员考勤规则设置、班组管理等,实现对工地人员的实时监控管理,随时随地了解工地用工情况,提高安全管理及对工地整体的把控能力。

PC 端主要进行劳务人员信息的实时更新和显示(图 2-10)、人员考勤信息记录和统计(图 2-11)、人员进出场统计(图 2-12)及对工地人员以班组和工种进行分类管理(图 2-13)。

图 2-10 PC 端劳务人员信息显示图

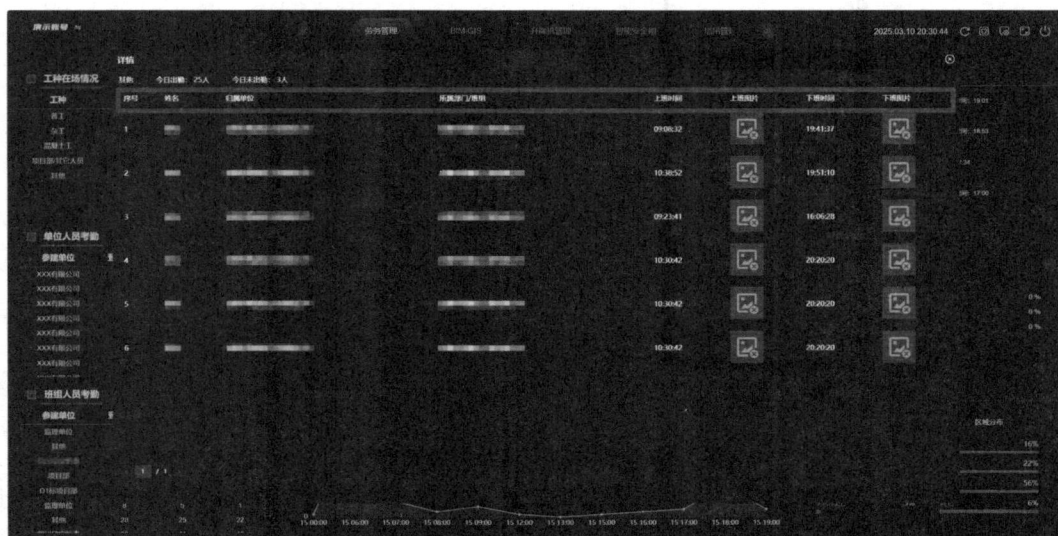

图 2-11 PC 端人员考勤信息记录统计图

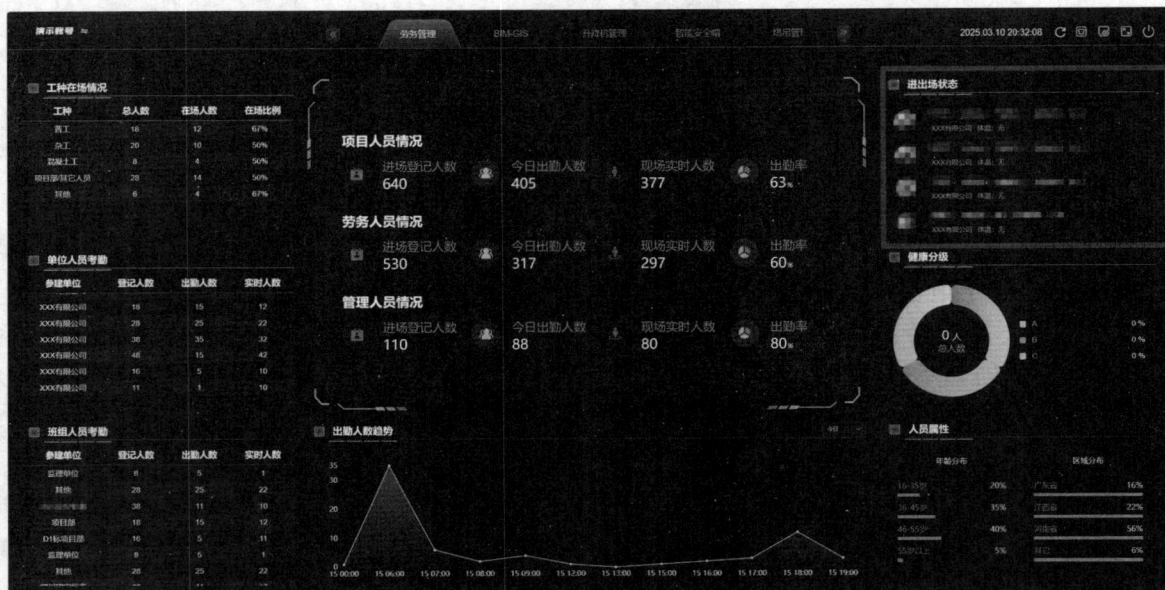

图 2-12　PC 端人员进出场统计图

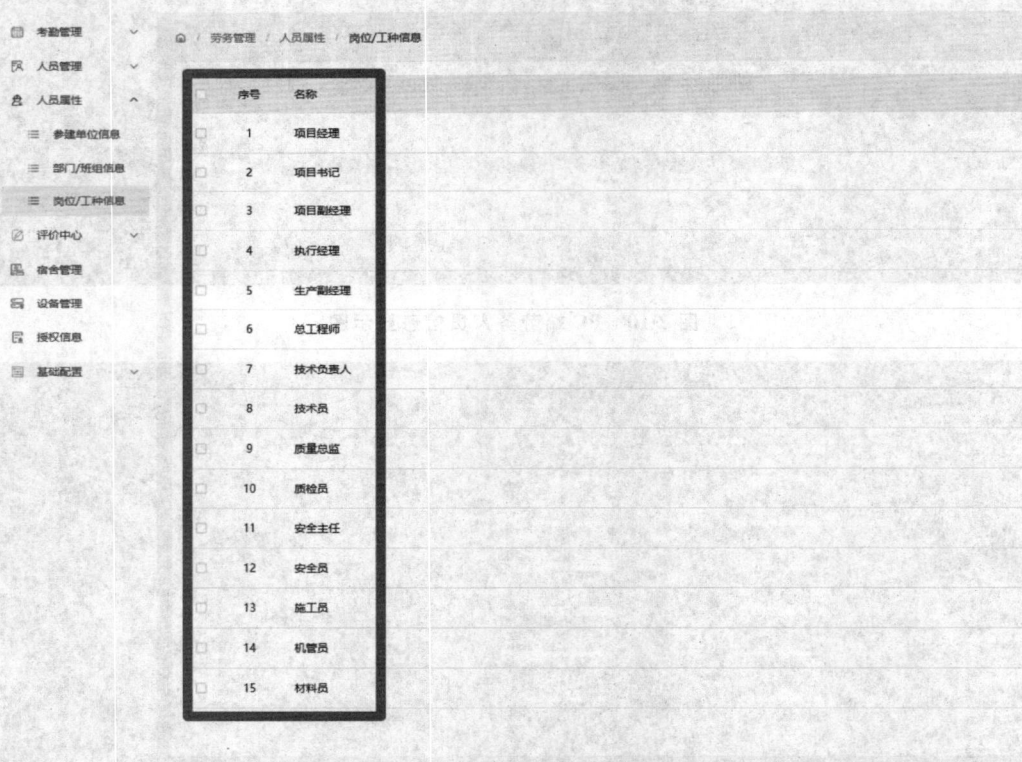

图 2-13　PC 端人员属性归类管理图

　　移动端主要进行人员信息录入，旨在简化和加速人员信息的收集、录入和更新，功能具体包括劳务人员信息录入、拍照和自动提取关键信息、面部识别等。移动端页面见图 2-14～图 2-17。

图 2-14　移动端工作台界面

图 2-15　移动端劳务管理界面

图 2-16　移动端新增人员信息界面

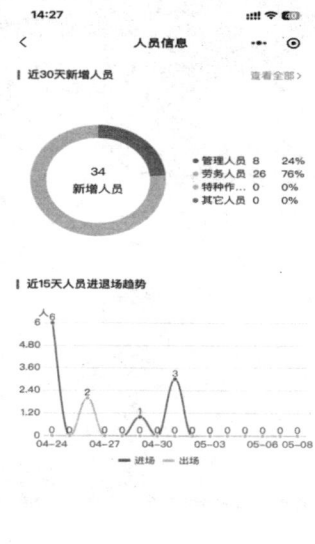

图 2-17　移动端人员信息统计界面

2.5.2　视频监控系统对比

　　工地视频监控系统架构由前端设备、传输网络、监控中心三部分组成。全景监控系统是在项目施工现场、办公区、生活区搭建一套物联网络,将布设在施工现场的枪机、球机、半球机、接入点(AP)设备组建成单个、多个局域网络,实现在移动端、PC 端、大屏端随时随地查看现场监控画面。将施工区域现场的视频监控进行集成,视频画面实时同步到智慧工地云平台,实现在同一平台进行数据及视频查看,管理人员使用移动端不受地点限制,只需携带智能手机或平板电脑即可监控工地,可大大提高工作效率。PC 端和移动端视频效果对比见图 2-18~图 2-20。

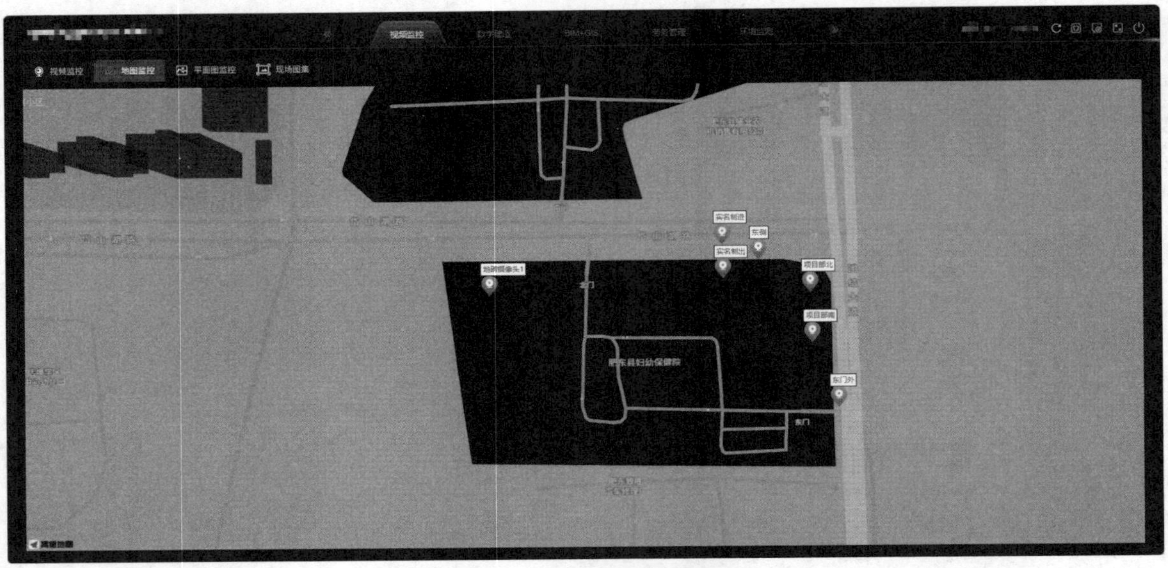

图 2-18　PC 端 GIS 地图查看模式

图 2-19　PC 端 GIS 网格查看模式

2.5.3　安全巡检系统对比

　　安全巡检系统 PC 端(图 2-21)主要进行整改数据展示、数据分析与报告,支持与移动设备的连接、互动式操作与反馈;移动端(图 2-22~图 2-24)具体功能包括标准化的信息录入、多媒体数据的集成、实时的数据同步与备份、整改效果的评估与闭环、历史数据的查询与报表生成、权限管理与数据安全。

图 2-20　移动端实时监控查看页面

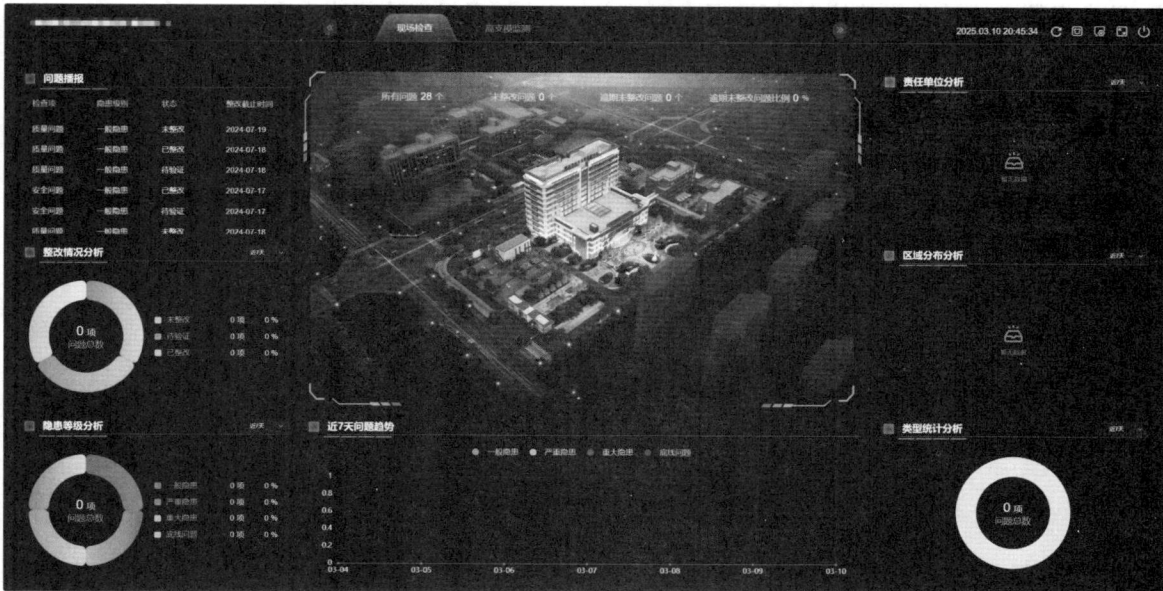

图 2-21　PC 端安全巡检 BI 看板

图 2-22　移动端现场检查页面　　图 2-23　移动端新增检查页面　　图 2-24　移动端待验证问题详情页面

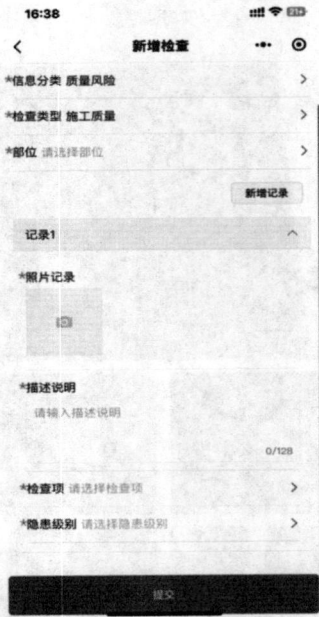

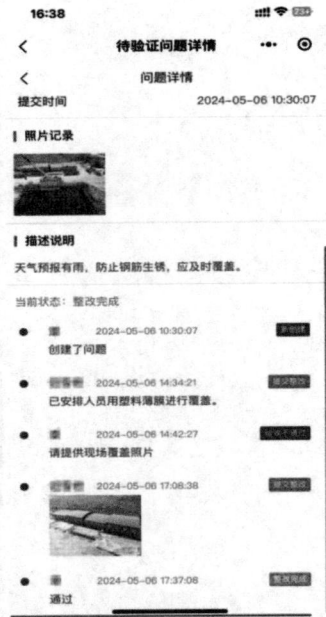

结合 PC 端和移动端,智慧工地云平台规范工地管理,提高安全质量的检查整改效率和流程。劳务实名制管理系统进行人员信息实名制录入管理和进场人脸考勤识别打卡,可一键上传考勤信息数据至相关政府部门管理平台,接受政府的监督,同时提升管理人员对工地的多维度把控和管理效率;视频监控系统将整个工地纳入监控范围,进行扬尘监测、大型设备监测、材料进场管理、车辆出入监控,帮助管理人员了解实时动态等信息;安全巡检系统具有巡检任务管理、路线规划、数据采集、异常报警和统计分析等核心功能,是一种高效、智能的现场巡检解决方案。

习题与思考题

2-1　智慧工地的关键技术有哪些?它们如何支持智慧工地的各种功能需求?

2-2　请思考,除了本书提及的智慧工地关键技术外,还有哪些技术具有在智慧工地应用的前景?它们如何对目前的关键技术功能进行补充?

3 人员管理

【内容提要】

　　本章主要内容包括实名制管理、安全教育管理、人员健康管理、特种作业人员管理、人员评价管理等相关内容,重点介绍劳务实名制管理系统。

【能力要求】

　　通过本单元的学习,详细了解劳务实名制管理系统的性能、技术参数、功能特点等,熟悉安全教育管理、人员健康管理、特种人员作业管理、人员评价管理等人员管理内容。

3.1　劳务实名制管理

随着我国经济的快速发展,各类基础设施以及新型城镇化建设的积极推进,建筑工地的数量不断增加,规模不断扩大。因此原有的主要通过报表形式进行人力管理的方式已经不适用于现有的工地出入口人员管理的实际需求。目前的工地人员管理存在以下问题。

(1)人员进出工地的基础数据不足,导致建设单位后续的业务应用如工时统计、工资核算等开展困难。

(2)工地施工人员数量大,人员分类管理困难。

(3)相关单位在做文明施工监管、施工人员权益维护等监管行为时,缺少各种数据支撑。

基于工地施工人员管理存在的问题,劳务实名制管理系统应运而生。系统主要由人员数据采集、传输、存储、显示及应用等模块组成,实现了对工地出入人员的身份识别、认证、记录等,可以广泛应用于工地施工现场的实名制管理等人员管理场景,解决工地严格控制无关人员进入、工作人员正常退场、出入数据保存显示等关键问题。

劳务实名制管理系统应包括人员基本信息管理、考勤管理、培训管理、诚信评价、薪资管理等功能,宜包括特种作业人员资格管理、人员定位管理、人员健康管理等功能。

3.1.1　系统介绍

劳务实名制管理系统(图 3-1)旨在通过登记施工人员的照片、姓名、身份证号、劳动合同编号、岗位技能证书号等基础信息,采用人脸考勤的方式,对施工人员作业人数、考勤情况等进行统计管理,从而实现人员的合理调配、人员工资的准确发放。劳务实名制管理系统有助于促进劳务企业合法用工,维护施工人员权益,并调动施工人员的积极性。

劳务实名制管理系统应用实名认证、OCR 识别等技术,实现如人员快速登记、人员争议预警、安全教育、考勤统计分析、工资发放协同监管等,旨在建立企业施工人员信息库和诚信档案,实现远程监管,规范劳务用工市场,规避企业用工风险。

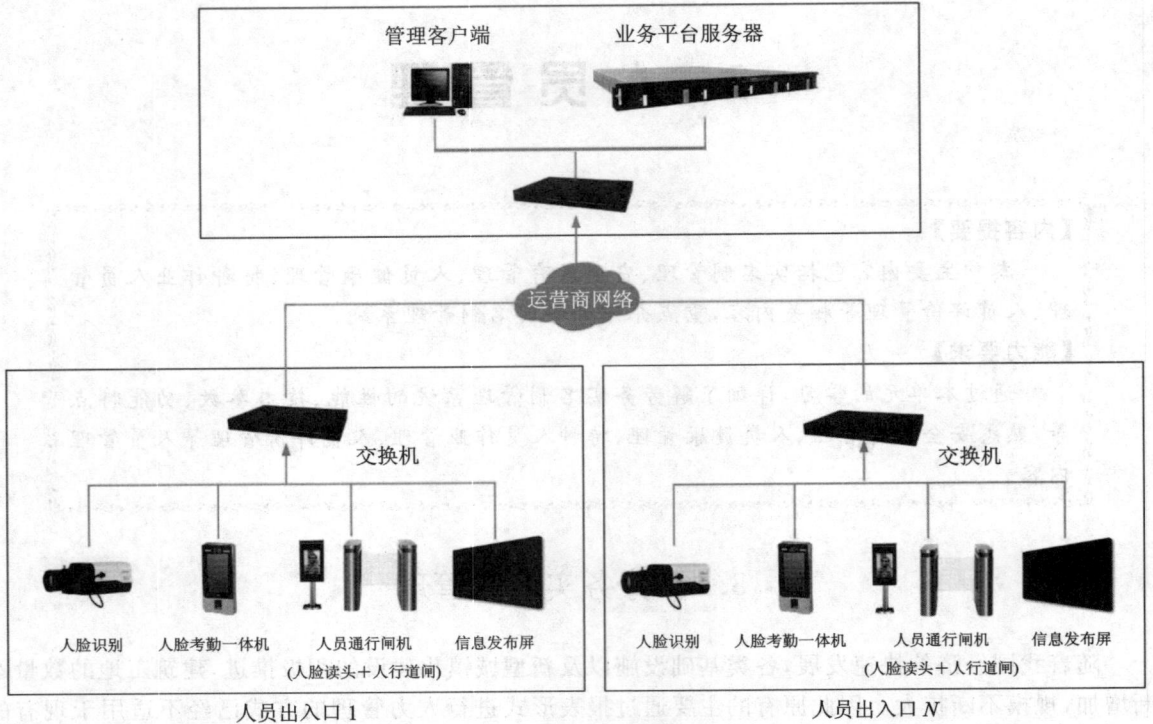

图 3-1　劳务实名制管理系统

　　劳务实名制管理系统主要由人员通行闸机、人脸考勤一体机、信息发布屏和中心管理平台等设备组成,主要实现人员考勤管理、人员出入权限管理等功能。对于开放式工地及大范围施工情形等,使用手持式考勤机代替固定式考勤设备。

3.1.2　设备介绍

　　(1)人员通行闸机。

　　根据工地使用场景需求和现场情况,有全高闸(图 3-2)、三辊闸(图 3-3)、翼闸(图 3-4)或摆闸(图 3-5)等可供选择。另外,还可结合人脸模块化闸机头对现场设备改造,实现人脸识别通行功能。

图 3-2　全高闸

图 3-3　三辊闸

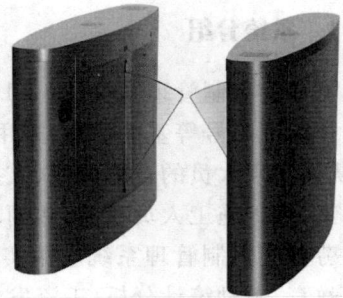

图 3-4　翼闸

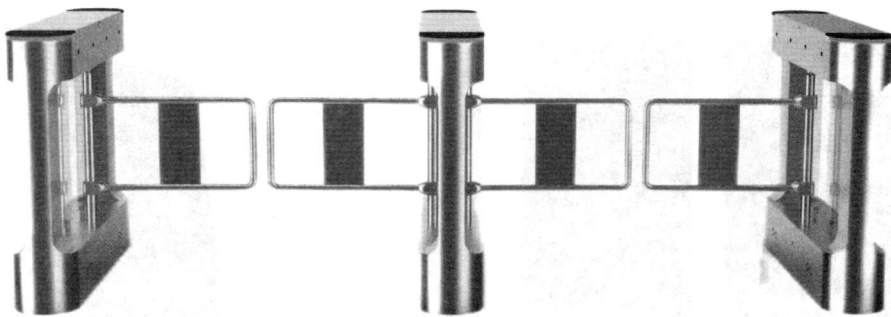

图 3-5　摆闸

人员通行闸机的人脸识别设备(图 3-6)将人脸识别门禁和人脸考勤合二为一,利用人脸识别门禁的记录,通过软件或平台实现人员在线考勤,可生物防假,一旦发现识别的是人脸图片或人脸视频,系统将无法验证,杜绝代识别、代考勤这种"脸不对版"的现象,提高考勤信息的可靠性及对人员出入的把控能力,从根本上解决传统人工查验证件放行效率低、人员假冒无法核验、考勤信息不准确等问题。

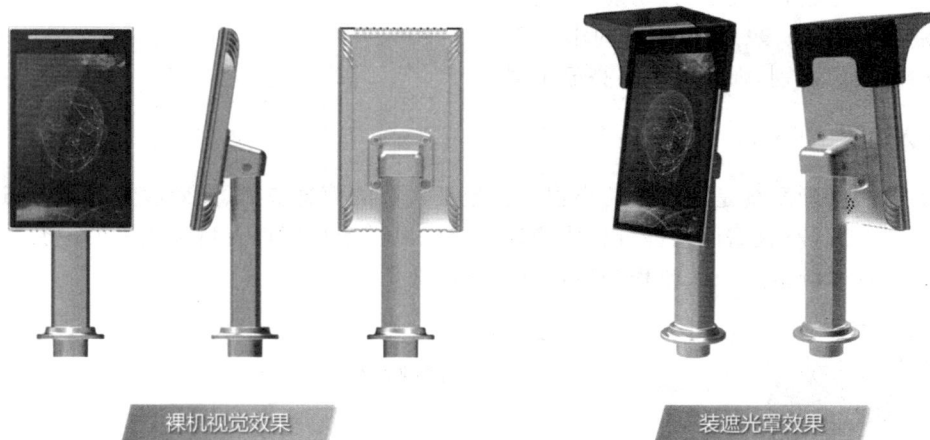

裸机视觉效果　　　　　　装遮光罩效果

图 3-6　人脸识别设备外观

人员通行闸机功能亮点如下。

①超宽域动态识别算法,适应不同身高人群,无须调节识别角度,识别快、开闸快。

②考勤数据多发,一套设备对接多个平台。

③局域网内数据动态加密克隆技术,调试简单,应用广泛,适用于涉密项目。

④轻量化边缘数据服务,完美兼容液晶屏、LED 屏展示数据。

(2)手持式考勤机。

手持式考勤机以移动互联网应用模式,基于综合定位,为建筑施工企业人员提供日常考勤、考勤汇总统计等功能及信息,适用于开放式工地人员考勤和项目人员移动考勤,见图 3-7。

施工面比较大的施工现场,例如修建高速公路时,施工面往往长达几公里,而传统人脸识别门禁考勤机只能固定在一个位置,施工人员必须先前往门禁所在处刷脸再前往施工现场施工,这极大地影响了施工效率。而工地手持式考勤机可以规避这个弊端,由工地管理人员手持考勤机为施工人员刷脸考勤,考勤记录实时推送至政府监管平台。

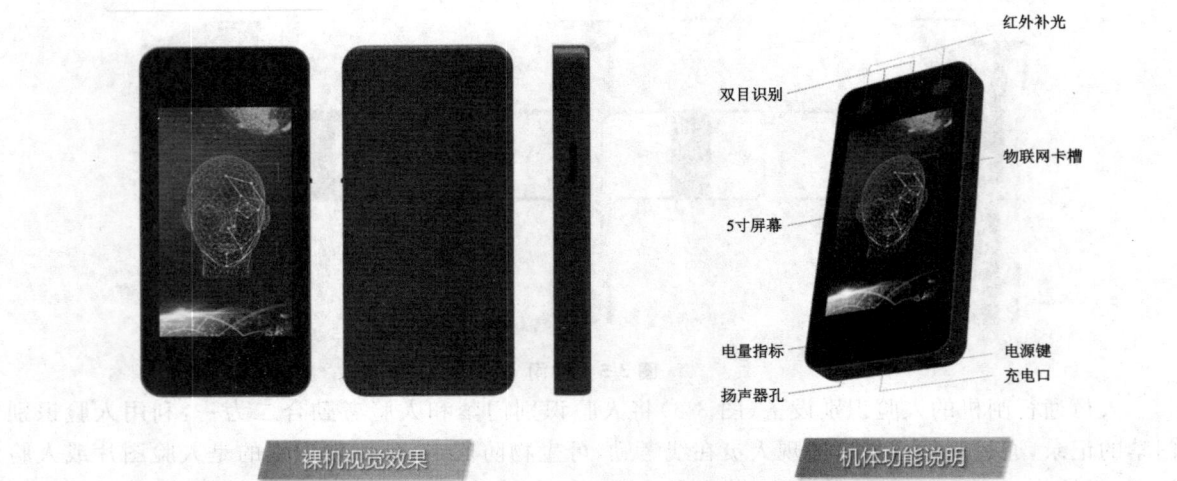

红外补光

双目识别

5寸屏幕

物联网卡槽

电量指标

扬声器孔

电源键

充电口

裸机视觉效果　　机体功能说明

图 3-7　手持式考勤机图片

手持式考勤机设备功能亮点如下。

①便捷移动考勤,外观小巧,功能强大。

②识别准确率 99.99%,识别时间小于 1s。

③宽动态人像识别,强光可视高亮显示屏。

3.1.3　录入流程

劳务实名制管理系统是通过微信小程序将施工人员的信息快捷、高效收集起来,通过人员通行闸机进行实名管理,对数据信息进行智能统计、分析,以供项目管理者科学决策的一套智能化系统。劳务实名制管理系统信息录入流程和后台查看见图 3-8。

图 3-8　劳务实名制管理系统信息录入流程和后台查看

信息录入特点如下。

①支持微信小程序自主操作,项目部只需审核信息,简化 50% 以上工作。

②1min 即可完成人员信息采集,便捷、高效,仅需一键操作即可退场。

3.1.4 数据展示

门禁考勤数据自动集成至平台,用于考勤统计和劳动力智能分析。确保劳资纠纷处理有章可循、劳动力配置有据可依,实时记录现场施工人员进出场状态、工种在线情况等信息,见图 3-9。

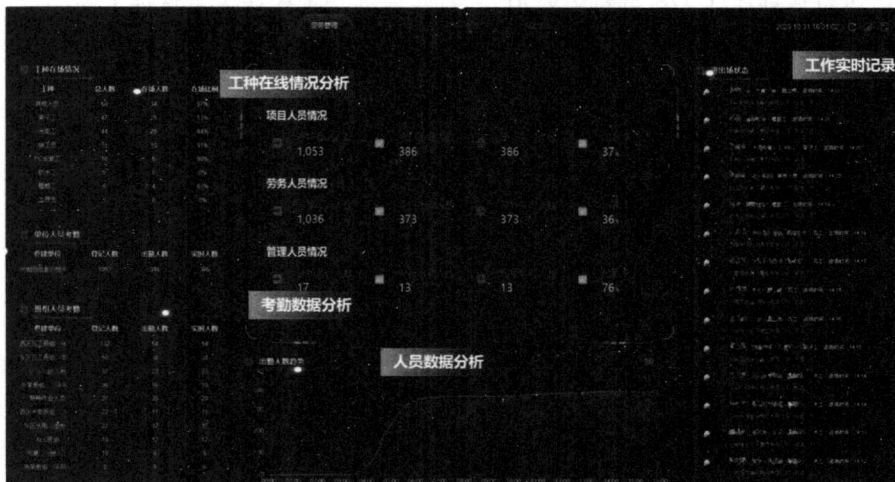

(a)

(b)

(c)

图 3-9 劳务实名制管理系统后台人员信息

3.1.5 功能特点

(1)特种作业人员管理。

对于特种作业人员,需上传特种作业证书至智慧工地管理平台,可联动塔吊安全监测、施工电梯安全监测模块对特种作业人员进行人脸识别验证,保证特种作业人员持证上岗,对于过期的特种作业证书进行预警提醒。特种作业人员管理后台信息见图 3-10。

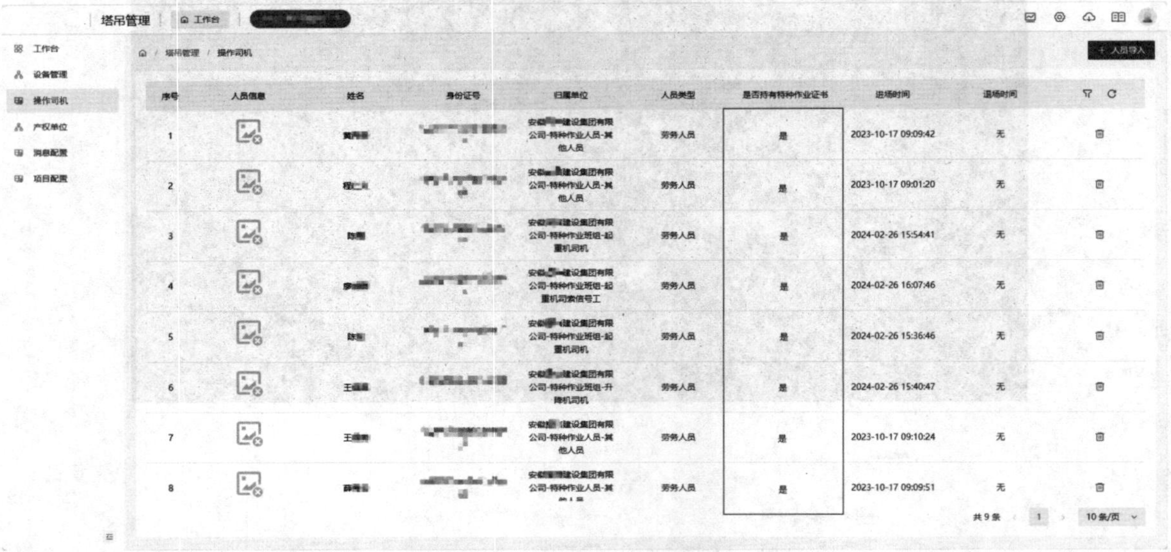

图 3-10　特种作业人员管理后台

(2)一人一档管理。

一人一档管理模块按照无纸化办公要求,将人员线下纸质档案转换成线上电子档案,档案同步至系统后台,生成该人员的个人电子档案,见图 3-11。

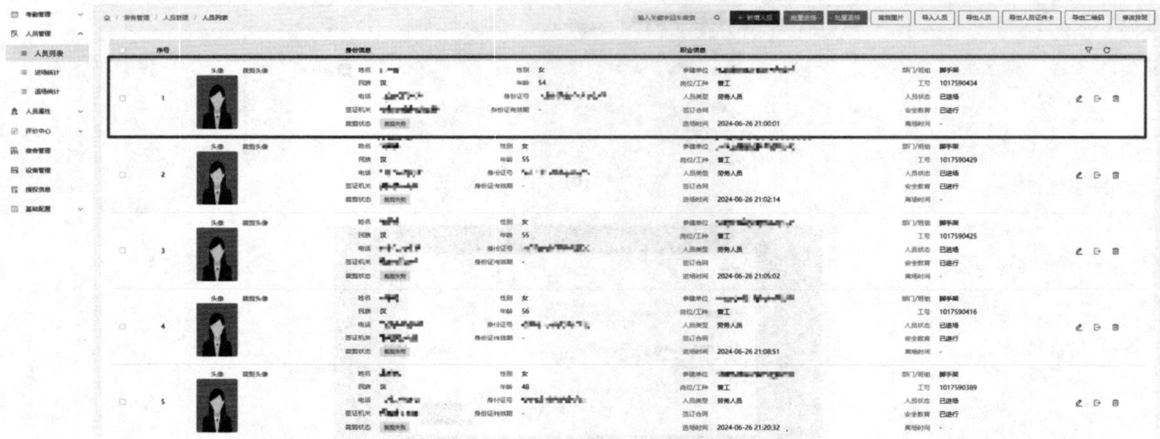

图 3-11　一人一档管理后台

（3）一键导出人员信息。

后台可以一键导出人员证件卡及二维码信息，大大减少了相关工作人员的工作量，进一步实现项目无纸化办公，形成的电子档案方便项目相关工作人员随时查阅以及保存管理，见图 3-12 和图 3-13。

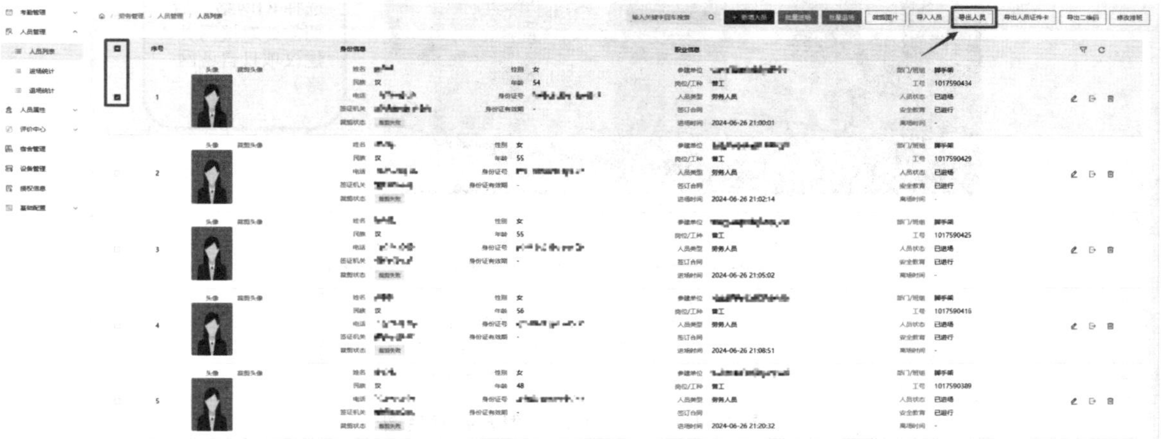

图 3-12　一键导出人员信息

图 3-13　人员证件卡

3.1.6　安装与维护

劳务实名制管理系统安装条件如下。

①确定安装位置，应在室内环境（比如集装箱式通道）。

②需要平整的地面并提前告知地面结构（水泥地面、瓷砖、木板、钢板等，便于确定固定方式）、通道尺寸（内径宽度、深度、高度）、闸机通道数、全高闸高度等。

③需先确定闸机通道净空、预埋管线的位置。

④需要 220V 电源、外网（没有外网需要选择 4G 网络），保安室内应提前准备桌子用于摆放设备。

劳务实名制管理系统安装图见 3-14。

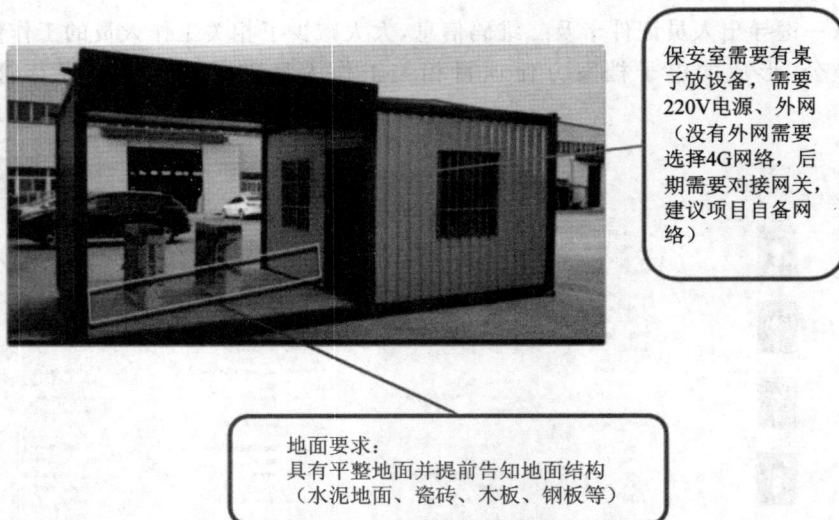

保安室需要有桌子放设备，需要220V电源、外网（没有外网需要选择4G网络，后期需要对接网关，建议项目自备网络）

地面要求：
具有平整地面并提前告知地面结构
（水泥地面、瓷砖、木板、钢板等）

图 3-14　劳务实名制管理系统安装图

3.2　安全教育管理

3.2.1　概述

随着我国经济发展和城镇化进程的加快，建筑业逐步向工业化方向进行更新和升级。施工现场慢慢从传统而繁重的手工操作中解脱出来，取而代之的是机械化操作。随着建筑工业化的不断推进，施工现场机械化程度逐步提升，操作者的安全技术素质能否满足建筑工业化的要求是非常关键的问题，也是相关部门关注的核心问题。应急管理部有关资料统计表明，建筑业伤亡事故已跃入所有行业第二位，仅次于矿山行业。加强建筑行业安全教育，保障建筑施工人员合法权益迫在眉睫。

各地住房和城乡建设主管部门出台相关文件，要求并督促建筑企业建立健全施工现场安全管理制度，严格落实安全生产主体责任，对进入施工现场从事施工作业的施工人员，按规定进行安全生产教育培训，不断提高施工人员的安全生产意识和技能水平，减少违规指挥、违章作业和违反劳动纪律等行为，有效遏制生产安全事故，保障施工人员生命安全，督促建筑企业配备符合行业标准的安全帽、安全带等具有防护功能的劳动保护用品，持续改善施工人员安全生产条件和作业环境，加强劳动就业和社会保障法律法规政策宣传，帮助施工人员了解自身权益，提高维权和安全意识，依法理性维权。

确保现场施工安全的关键措施之一是进行安全教育。

（1）安全教育可采取各种有效方式开展。安全教育要避免枯燥无味和流于形式，可采取各种生动活泼的形式，并坚持常态化、制度化，同时应注意思想性、严谨性和及时性。

（2）加强对施工人员的岗前培训，提高其安全生产意识。企业必须对参加施工的人员进行安全技术教育，使其熟知和遵守本工种及各项安全技术操作规程，并定期进行安全技术考核，合格者方准上岗操作。从事电工作业、登高架设作业、焊接与热切割作业、煤矿井下爆破作业等特种作业的人员，必须经企业专业培训，获得合格证书后，方可上岗。

(3)抓好施工人员进场后的安全教育和班前教育。施工人员进场后,项目经理必须组织项目部有关人员对新施工人员进行岗前安全培训,决不允许未经教育培训的人员上岗。

现代的工地安全教育不再局限于课堂讲解式、观看视频式以及走访工地式的宣传。随着新技术的出现与应用,近年来 Wi-Fi 安全教育以及 VR 安全体验的模式逐渐出现在各大工地安全培训中,使得教育效果更为显著。它们与传统安全教育方式相结合,为建筑工地安全教育增添了不少趣味性,增强了安全教育的针对性,更激发了施工人员参与安全教育的热情,同时训练了他们的专业技能,并让他们获得了现场经验,为现实工作中的紧急情况做好准备。

3.2.2 Wi-Fi 安全教育系统

1. 应用场景

智慧工地 Wi-Fi 安全教育系统利用无线网络技术,结合安全教育资源,为施工人员提供便捷、高效的学习平台。Wi-Fi 安全教育系统的应用场景广泛且灵活,能够覆盖施工人员安全教育的全周期和多场景需求,主要应用场景如下。

(1)入场安全教育:施工人员通过手机扫码或人脸识别接入 Wi-Fi,系统自动推送入场安全试题(主题如劳保用品穿戴规范、应急逃生路线等)。通过考试后,联网权限与工牌绑定,实现"安全教育＋准入管理"一体化。

(2)日常碎片化学习:每日首次连入 Wi-Fi 时,自动弹出"每日一题"(如防触电操作要点),答对可提升网络速度,答错需重新学习。结合短视频、图文等形式,增强学习趣味性。

(3)高风险作业前考核:系统根据施工计划推送针对性试题(如高空安全带检查步骤、灭火器使用方法),施工人员通过考核后方可领取作业许可证。与 BIM 平台联动,自动识别当前施工区域风险类型,动态调整题库。

除了以上应用场景外,还可以应用于班前会安全提醒、季节性安全警示、事故案例学习等场景。具体界面如图 3-15 所示。

图 3-15 Wi-Fi 安全教育系统手机界面示意图

2. 建设内容

系统由前端无线 AP、网桥、后端企业级路由器和管理软件组成。在工地各区域部署无线 Wi-Fi 设备,确保网络信号全面覆盖,满足施工人员在线学习的需求。

施工人员可以搜到项目部提供的无线网络信号,在上网前经过安全教育答题过关认证,通过认证后便可自由上网。这使施工人员了解建筑施工中的安全知识,增强安全意识,以减少安全事故的发生。网桥主要解决现场前端 AP 设备无法或不方便拉网线的问题;当现场可通过有线网络解决时,则不需要网桥设备。后端企业级路由器安装在本地。Wi-Fi 安全教育系统组成如图 3-16 所示。

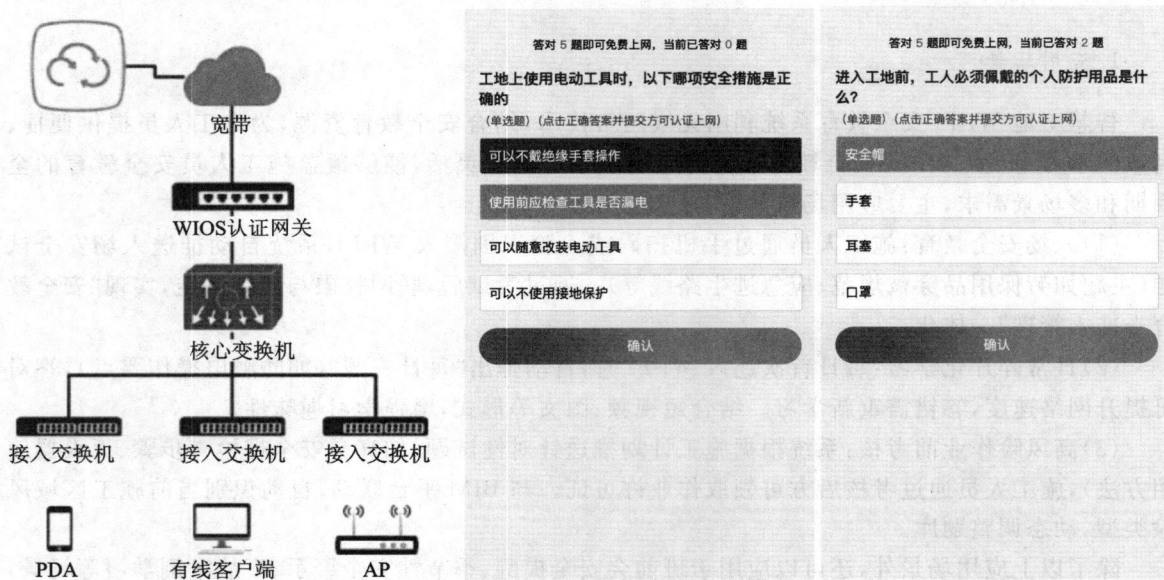

图 3-16　Wi-Fi 安全教育系统组成示意图

Wi-Fi 安全
教育系统建设
注意事项

3. 建设价值

施工人员通过先答题后上网的形式,潜移默化地提高自身安全意识。系统可智能分析答题记录,集中收录易错题,强化教育重点人员及重点问题,帮助项目实现人员的科学管理。"Wi-Fi＋答题"的模式拓宽了工地安全教育渠道,可推进安全文化建设,提升项目整体形象。

通过灵活适配各种场景,Wi-Fi 安全教育系统将传统"集中授课"升级为"无处不在的伴随式学习",真正实现安全教育从"被动管理"到"主动参与"的转变,成为智慧工地安全管理数字化转型的关键抓手。

3.2.3　VR 安全教育系统

1. 应用场景

建筑业由于工程形式多样、作业流动性差、施工涉及面广、设备设施多、施工人员素质参差不齐等各方面的原因,极易发生安全事故。这些事故不仅给施工人员人身安全造成威胁,同时给企业及社会造成巨大的经济损失。VR技术模拟施工现场的整体场景,使相关施工人员身临其境体验施工过程中经常发生的事故,将"理论说教式"培训模式升级为"沉浸体验式"教育。VR安全教育系统的应用场景一般有以下几种。

(1)高风险作业模拟训练:施工人员穿戴VR设备进入虚拟场景,体验未系安全带、违规攀爬等行为的严重后果。系统实时提示正确操作(如安全带双钩固定、临边防护检查),错误动作会触发虚拟事故反馈(如坠落音效与视觉冲击)。

(2)机械设备操作培训:通过VR手柄或体感设备模拟机械操控,系统实时监测操作规范性(如回转半径控制、信号工指挥响应)。设置极端工况(如雨天打滑、夜间作业照明不足),强化应急处理能力。

(3)入场安全教育和考核:虚拟还原工地实景,要求施工人员识别现场隐患(如未封闭的洞口、裸露电线),并通过交互操作完成隐患整改。考核通过后生成电子证书,与劳务实名制管理系统联动,未达标者禁止进场。除了以上应用场景外,还可以应用于应急事故演练、特种作业持证培训、跨工种协同作业风险预演等。

2.建设内容

在项目部、智慧展厅等场地部署的VR安全教育系统,其硬件产品包括VR头盔、眼镜、手柄、基站、服务器,3D投影仪或智能电视等,针对多人培训的场景可每人配置一体机终端,通过中控平台统一控制学员的学习场景,如图3-17所示。

软件场景应分为房屋建筑、道路桥梁、隧道等大类。房屋建筑的安全教育包括基础施工、主体施工和装饰施工阶段的高处坠落、物体打击、机械伤害、坍塌伤害、触电伤害和火灾伤害6大典型的伤害类型;道路桥梁、隧道工程的安全教育,包括透水伤害、人货混装、装填炸药、坍塌伤害、机械伤害、窒息伤害等特殊教学场景。安全教育还应包括常见伤害的急救措施。

图3-17 VR安全教育系统学习场景

3. 建设价值

结合实际安全事故案例，使安全教育更贴切。通过虚拟仿真技术联通感官，使施工人员切身体会施工现场安全事故的惨烈程度，激发深层次触动，强化其安全意识，并能激发施工人员参加安全教育学习的兴趣，使其主动地学习安全文明知识，极大地提高工地安全施工水平。管理员无须手动记录，即可实时上传培训记录，实现实名安全培训。VR 场馆可随拆随装，对场地要求低，可循环使用，节约建设成本。

VR 安全教育系统建设注意事项

通过 VR 安全教育系统，智慧工地将传统的"说教式"培训转化为"体验式"学习，让施工人员从"知道风险"到"感受风险"，最终实现主动规避风险，为安全生产提供科技保障。

3.3 人员健康管理

3.3.1 概述

施工人员是项目建设过程中不可或缺的重要力量。然而，长时间的工作压力、不良的工作环境，以及缺乏适当的健康管理，会对施工人员的身体健康造成一定的影响。因此，如何建立科学的人员健康管理机制，关注并维护施工人员的身体健康，是迫切需要解决的问题。

《中华人民共和国劳动法》《中华人民共和国职业病防治法》《中华人民共和国建筑法》等法律法规规定，员工健康管理包括以下 4 个方面。

（1）建立健康管理机制。为了保障施工人员的健康，需要建立健康管理机制。首先，建立健康档案，对每位施工人员进行体检，了解其身体状况和潜在的健康问题。其次，根据员工的身体状况和工作特点，制订健康管理计划，包括饮食调理、体育锻炼、心理疏导等。同时，加强健康知识的宣传，提高施工人员的健康意识和自我保护意识，帮助其培养良好的生活习惯和健康行为。

（2）改善工作环境。良好的工作环境对身体健康非常重要。在工程建设项目中，往往存在噪声、粉尘、有害气体等不良环境因素，对施工人员的健康有很大的影响。因此，在工程项目的规划和设计中，应考虑工作环境因素，并采取相应的措施改善环境，如设置隔声设备、加强通风系统、使用环保材料等。此外，加强对施工人员的职业健康培训，提高他们对职业病的认识和防范意识，以减少职业病的发生。

（3）加强心理健康管理。工程建设项目往往面临时间紧、任务重的压力，施工人员的心理健康问题也不容忽视。长时间的工作压力、缺乏休息和沟通交流等，容易导致员工出现焦虑、抑郁等心理问题。因此，需要加强心理健康管理，为施工人员提供适当的心理支持和帮助，如开展心理咨询和心理疏导活动、建立心理健康档案、定期开展心理健康评估等。

（4）营造良好的团队合作氛围。工程项目建设是一个团队合作的过程，良好的团队合作氛围对于施工人员的身心健康有很大的帮助。因此，需要营造积极向上、和谐融洽的团队合作氛围，增强团队的凝聚力和向心力，构建良好的企业文化，推动施工人员的自我发展和成长。

3.3.2 人员健康管理系统

1.应用场景

在智慧工地中,人员健康管理系统首先应用于工地施工人员的健康监测。系统通过实时监测工地施工人员的体温、心率等生理指标,及时发现潜在的健康问题,确保施工人员健康状态良好,从而避免因病倒岗、带病作业等情况的发生。

人员健康管理系统具备对监测数据进行分析和处理的能力。系统可以对施工人员的健康数据进行收集、整理和分析,通过大数据分析技术,识别出可能存在的健康风险,并向管理人员发出预警。

基于健康监测和数据分析的结果,人员健康管理系统可以为施工人员制订个性化的健康管理方案。这些方案可能包括调整作息时间、优化饮食安排、增加体育锻炼等方面的内容。同时,系统还可以提供健康教育的资料和建议,帮助施工人员提高健康意识,增强自我保健能力。

人员健康管理系统还可以为施工人员建立健康档案,记录每个人的健康状况、疾病史、疫苗接种情况等关键信息。同时,健康档案也能为后续的健康评估和风险控制提供数据支持。

在突发公共卫生事件或紧急情况下,人员健康管理系统可以迅速响应,为施工人员提供及时的健康保障。系统可以实时监测施工人员的健康状况,发现异常情况后及时通知管理人员,并协助制定应急措施和处置方案。

2.建设内容

智慧工地中的人员健康管理系统的建设内容涵盖健康档案管理、健康监测与预警、健康教育与培训、健康风险评估与干预以及数据分析与决策支持等多个方面。

(1)健康档案管理。

建立全面的人员健康档案,包括基本信息、既往病史、体检报告等,实现人员健康信息的电子化管理和查询。同时,系统支持档案的动态更新,确保健康信息的准确性和时效性。如图3-18所示。

图 3-18 健康档案管理功能展示

（2）健康监测与预警。

通过集成各种健康监测设备，如体温检测仪、血压计、心率监测仪等，实现对施工人员的实时健康监测。系统根据监测数据，结合健康标准，自动判断其健康状况，并在发现异常情况时及时发出预警，提醒管理人员采取相应的措施。

（3）健康教育与培训。

系统提供在线健康教育和培训功能，包括健康知识普及、安全操作规程学习等，帮助施工人员增强健康意识和自我保护能力。同时，系统可记录施工人员的培训情况和成绩，为安全生产管理提供依据。

（4）健康风险评估与干预。

系统通过对人员健康数据的深入分析和挖掘，结合工程特点和环境因素，评估施工人员的健康风险，并制订相应的干预措施。例如，针对高温、高湿等恶劣环境，系统可提前预警，提醒管理人员合理安排工作时间和休息间隔，降低中暑等健康问题的发生概率。

（5）数据分析与决策支持。

系统具备强大的数据分析和可视化功能，可将健康数据以图表、报告等形式呈现，为管理人员提供直观、全面的信息支持。同时，系统可结合项目进度、安全质量等其他数据，进行综合分析和评估，为项目决策提供科学依据。

3.建设价值

智慧工地中的人员健康管理系统从施工人员的健康监测到健康状况数据分析与预警，再到健康管理方案的制订与实施以及健康档案的建立与管理，为工地现场的安全生产和施工人员的健康提供了有力保障。

人员健康管理系统有助于管理人员及时采取措施，对潜在的健康风险进行干预和治理，确保工地现场的安全和稳定；有助于改善施工人员的健康状况，提高工作效率；有助于管理人员全面掌握施工人员的健康状况，为制订更科学的健康管理策略提供依据；有助于降低突发事件的发生风险，保障工地现场的安全和稳定。

3.4 特种作业人员管理

3.4.1 概述

特种作业人员是指在生产、经营、科研等活动中，从事可能对本人、他人及周围设施的安全造成重大危害的作业的人员。这些人员的工作性质特殊，对技能和安全意识的要求较高，因此，对他们的管理尤为重要。

根据不同的行业和岗位，特种作业人员可大致分为以下几类。

（1）电工作业人员：如高压电工、低压电工等，负责电气设备的安装、调试、运行和维护。

（2）焊接与热切割作业人员：如焊工、切割工等，负责金属材料的焊接和热切割作业。

（3）高处作业人员：如登高作业人员、悬空作业人员等，负责在高处进行安装、维修等作业。

（4）制冷与空调作业人员：负责制冷和空调设备的安装、调试、运行和维护。

此外，还有危险化学品操作、起重机械操作等特种作业人员，他们的工作性质各异，但都对安全有着极高的要求。

特种作业人员的管理应遵循以下原则。

(1)严格审查,持证上岗:所有特种作业人员必须经过相关培训和考试,获得相应资格证书后方可上岗。

(2)定期体检,确保健康:特种作业人员应定期进行体检,确保身体状况符合岗位要求。

(3)强化培训,提升技能:定期开展技能培训和安全教育,提高特种作业人员的操作水平和安全意识。

(4)定期检查,消除隐患:对特种作业人员的作业场所和作业过程进行定期检查,及时发现并消除安全隐患。

为确保特种作业人员管理的有效性,应采取以下具体措施。

(1)建立特种作业人员档案:记录特种作业人员的个人信息、培训经历、资格证书等,方便管理和查询。

(2)实行特种作业审批制度:对涉及特种作业的项目,需进行审批和备案,确保作业符合相关规定。

(3)加强现场监管:对特种作业人员的作业过程进行实时监管,确保作业安全和质量。

(4)建立奖惩机制:对在特种作业人员管理工作中表现优秀的个人或团队给予表彰和奖励,对违规行为进行处罚。

特种作业人员管理是一项复杂而重要的工作,通过加强培训、完善制度、强化监管等措施,不断提高特种作业人员的技能水平和安全意识,为企业的安全生产和社会的稳定发展提供有力保障。

3.4.2　特种作业人员管理系统

1.应用场景

(1)高空作业管理:在高层建筑施工中,特种作业人员管理系统可以对高空作业人员进行实时监控,确保他们按照安全操作规程进行作业。同时,系统还可以记录特种作业人员的操作轨迹,为事故调查提供有力证据。

(2)特种设备操作管理:对于塔吊、升降机等特种设备,特种作业人员管理系统可以监控特种作业人员的操作行为,防止因操作不当导致的安全事故。

(3)危险区域作业管理:在有毒、有害或存在爆炸性危险的区域,特种作业人员管理系统可以实时监控特种作业人员的生命体征和工作环境,确保他们能够在安全的环境下完成作业。

(4)人员信息管理:在劳务实名制系统管理后台人员信息录入中,上传特种作业人员证书信息,同时,特种作业人员信息可关联设备管理中"操作司机"模块,如图3-19所示。

2.建设内容

特种作业人员管理系统主要包括人员管理、安全监控、培训考核等功能。其中,人员管理是对特种作业人员的资质、健康状况、在岗情况等信息进行管理,确保其符合相关要求;安全监控是实时监控特种作业人员的操作行为,及时发现并纠正不安全行为,防止安全事故的发生;培训考核是提供在线培训资料,定期对特种作业人员进行安全教育和技能考核,提升他们的安全意识和技能水平。安全监控和培训考核的建设可与前文所述的相关系统建设结合。

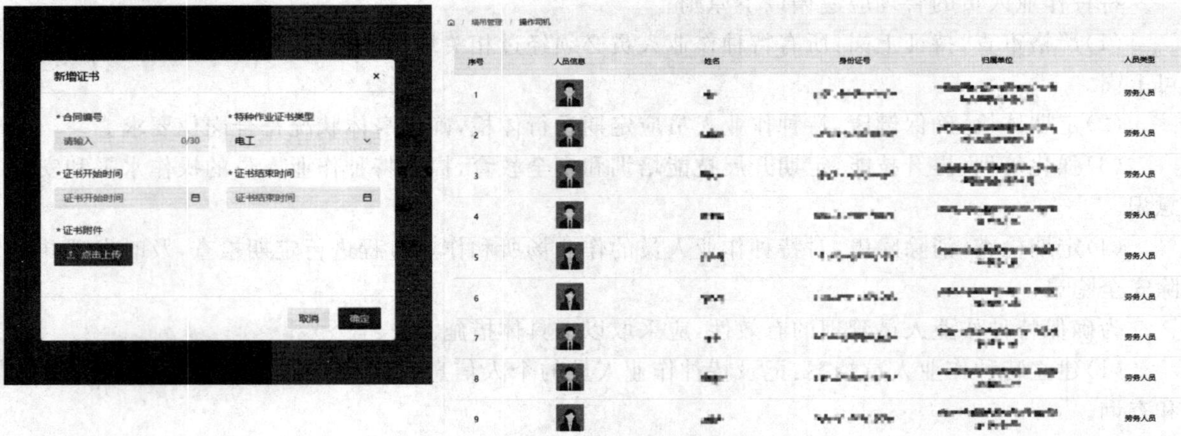

图 3-19　特种作业人员信息管理示意

3. 建设价值

特种作业人员管理系统在提高特种作业安全性和效率方面具有重要作用。通过智能化管理和实时监控，系统可以降低人为因素和误操作对作业过程的影响，提高作业效率和质量。同时，通过数据共享和协同工作，系统可以加强部门之间的沟通和协作，提高整体工作效率。随着技术的不断发展和应用场景的不断拓展，特种作业人员管理系统将在未来发挥更加重要的作用。同时，企业也需要关注系统的数据安全性和隐私保护问题，确保人员信息的安全和合规性。

3.5　人员评价管理

3.5.1　概述

施工人员评价管理是指对施工人员在工作中的表现、能力、绩效等方面进行评价和管理的过程。通过对施工人员进行全面、客观、公正的评价，可以发现其存在的优点和不足，从而采取相应的激励措施，提高施工人员的综合素质和工作效率，为企业的持续发展提供有力保障。

1. 评价目的

（1）识别能力差异：通过评价，了解施工人员在不同领域、不同技能上的优势和短板，以便进行针对性的培训。

（2）优化人力资源配置：根据评价结果，合理调配人力资源，使每个施工人员都能在最适合自己的岗位上发挥最大价值。

（3）激发员工积极性：通过公平、公正的评价，激发施工人员的工作热情和进取心，增强企业的凝聚力和向心力。

2. 评价原则

（1）公平、公正：评价过程应公开透明，评价标准应统一明确，避免主观臆断和偏见。

(2)全面、客观:评价内容应涵盖施工人员的德、能、勤、绩等多个方面,确保评价的全面性和客观性。

(3)反馈与改进:评价结束后,应及时向施工人员反馈评价结果,并提供改进建议,促使其不断提升自身能力。

3.评价方法

(1)定量评价:通过设定具体的评价指标和权重,对施工人员的绩效进行量化评估。

(2)定性评价:通过访谈、问卷调查等方式,了解施工人员的工作态度、团队协作能力等难以量化的方面。

评价结果应用
及激励措施

4.评价内容

(1)工作绩效:包括完成任务的数量、质量、效率等方面。

(2)工作能力:包括专业技能、创新能力、解决问题的能力等方面。

(3)工作态度:包括敬业精神、责任心、团队合作意识等方面。

3.5.2　人员评价管理系统

1.应用场景与建设价值

人员评价管理系统的建设是提升工地管理效率、确保施工质量和安全的关键环节。人员评价管理系统实现对施工人员行为的实时监控、数据分析和综合评价,从而优化人员管理,提高施工效率。

人员评价管理系统可根据施工人员的日常表现、工作效率、质量把控等方面,进行自动评分和排名。这些评价数据可作为考核施工人员绩效的依据,帮助管理层更客观、公正地评价施工人员表现,并作为施工人员薪酬调整、晋升等决策的重要依据。

通过对施工人员的技能水平进行实时评估,人员评价管理系统可以及时发现施工人员的技能短板,为针对性开展技能培训提供依据。同时,系统还可以记录施工人员培训前后的技能水平变化,以便评估培训效果,从而不断优化培训方案,提高施工人员技能水平。

人员评价管理系统可实时监控施工人员的行为,如佩戴安全帽、安全带等,对违反安全规定的行为进行自动识别和记录。当发现潜在安全隐患时,系统可及时发出预警,提醒管理人员采取相应措施,从而有效降低安全事故发生率。

在多人协同作业的场景中,人员评价管理系统可根据各岗位的工作特点,优化人员配置和协同流程。通过对施工人员的技能、经验和沟通能力等方面进行评价,系统可以智能推荐合适的协作伙伴,提高协同作业效率和质量。

人员评价管理系统可以为劳动力资源调度提供有力支持。管理人员可根据系统提供的数据,合理安排各岗位的人员数量和配置,确保工程进度和施工质量。

2.建设内容

人员评价管理系统主要由绩效评价、能力评价、态度评价模块组成。其中,绩效评价模块是根据预设的评价指标和权重,对施工人员的绩效进行评分,评价指标可包括工作效率、工作质量、创新能力等,评分结果可生成排名和报表,便于管理人员进行奖励和惩罚;能力评价模块关注施工人员的专业技能和业务能力,通过考核、测试等方式,对他们的技能水平进行评估,并根据评估结果提供针对性的培训和提升建议;态度评价模块主要评价施工人员的工作态度、团队合作意识、责任心等方面,通过问卷调查、现场观察等方式,获取施工人员态度的评价数据,为管理人员提供决策依据。

人员评价管理系统图示

人员评价管理系统需要与智慧工地中的其他系统进行集成,以实现数据共享和协同工作,例如,可以与劳务实名制管理系统等对接,获取实时的人员出勤和安全情况数据,为评价提供更全面的信息。同时,系统需要进行合理的部署,确保数据的传输和处理速度满足实际需求。

习题与思考题

3-1 劳务实名制管理的特点是什么?

3-2 安全教育的方式有哪些?

3-3 特种作业人员可以分为哪几类?

3-4 如何进行人员评价管理?

4 物料管理

【内容提要】
  本章介绍了智能地磅、材料的进销存管理、见证取样和送检等相关内容。
【能力要求】
  通过本章的学习,学生应了解物料管理的相关内容,熟悉智能地磅系统、材料的进销存管理、见证取样和送检,熟练使用物料管理各系统。

智慧物料管理基于真实数据采集、唯一标签流转,通过将新技术与业务结合,对工程物资管理全流程与价值链流转进行精细管控与企业赋能,改变各业务参与方交互方式、优化业务链条,提升建筑企业精益管理能力与资源配置调配能力,提升整体供应链效率,降低行业供应成本,辅助企业发现问题、追踪信息、识别问题、明确举措,积累经验数据从而进行超前预测、智能决策,一般流程包含总量策划环节、到货点验环节、仓库管理环节、半成品加工环节、工程实体消耗环节、智能决策环节等。

4.1 智能地磅

地磅是一种用于测量装载/卸载卡车和车辆重量的设备,除此之外它还用于管理进出车辆。如今的智能地磅系统非常先进,可以提供有关库存水平的数据。因此,建立一个高效的智能地磅系统对于工地企业提高称重管理水平尤为重要。

智能地磅系统通过物联网+AI技术+智能硬件采集现场过磅真实数据,提供地磅防作弊系统,防止人为作弊;通过云计算技术,使现场数据自动归集,有效累积物资数据,及时准确上报。智能地磅见图4-1。

图 4-1 智能地磅

4.1.1　概述

系统通过地磅及配套智能硬件,采集物资过磅信息,通过拍摄实时过磅照片、运单,进行全程视频监控,验证过磅数据真实性,同时支持过磅单据打印、模板自定义配置、数据导出、远程视频监控等,提供全流程物资验收智能服务,见图 4-2、图 4-3。

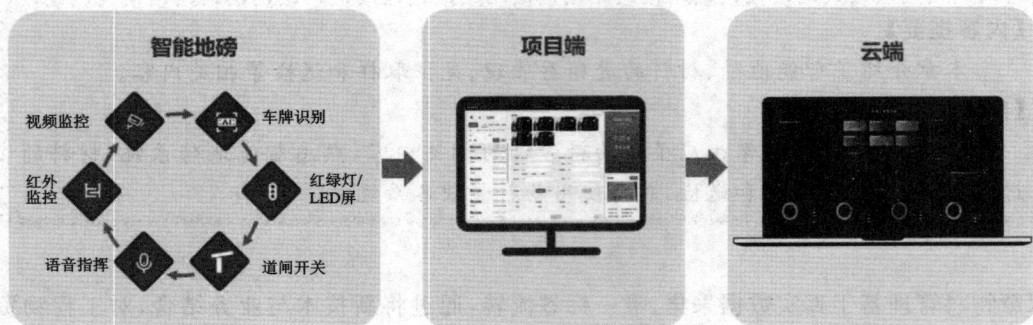

图 4-2　系统流程

图 4-3　现场硬件布置效果图

由于难免存在网络状态不佳或断网的情况,针对建筑施工项目的特殊性,系统支持在断网状态下正常使用,网络恢复后,数据自动同步到云端,见图 4-4。

4.1.2　功能特点

系统采用云端、移动端和项目端三端结合的方式更好地提供服务,操作简单快捷、高效安全。

1. 云端

(1)收料数据汇总、统计分析、预警(物资、车辆、供应商多维统计)。

(2)数据导出、单据打印、系统配置。

(3)提供 7×24 小时运营数据,见图 4-5。

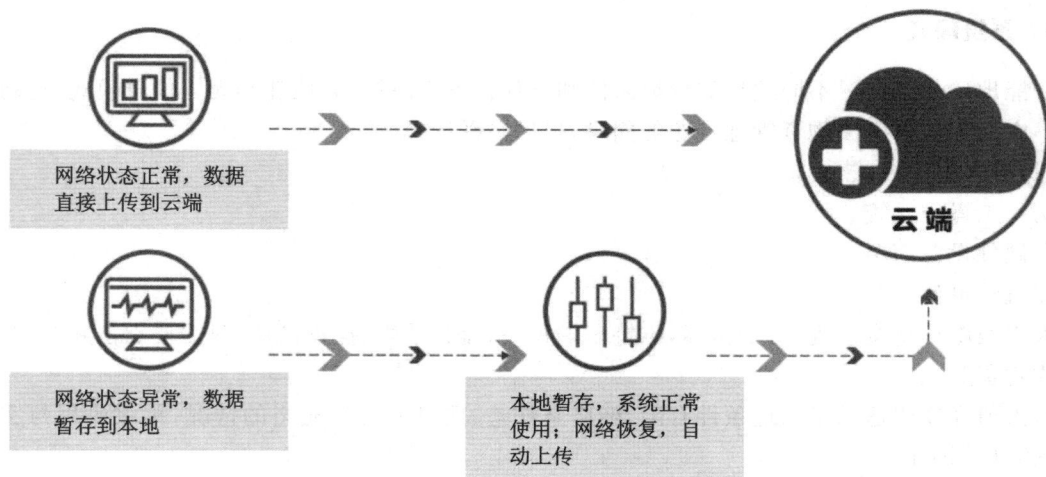

图 4-4　数据传输

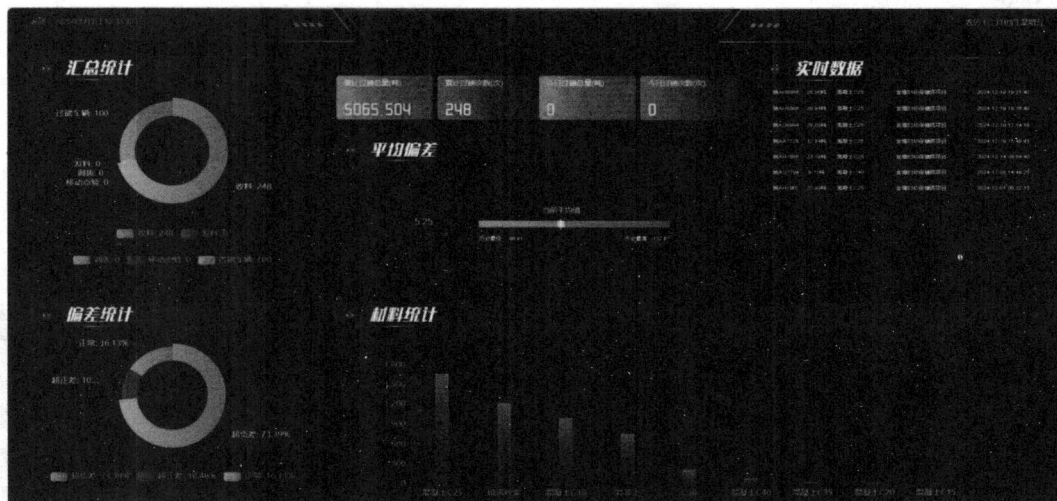

图 4-5　云端操作

2.移动端

(1)可对不易过磅的物资进行点验,结合 AI 技术提升工作效率。

(2)支持现场拍照,自动获取地理定位,AI 识别车牌。

(3)支持收料员、司机电子签字。

3.项目端

(1)项目端软件连接地磅等智能硬件,采集物资收料数据并上传到云端,避免跑单、漏单、错单。

(2)项目端软件支持对收料过程进行管理。

(3)同时支持有人值守和无人值守模式,覆盖各种收料场景。

4.1.3 系统模式

智能地磅系统针对不同项目的场地条件和管理特点,提供有人值守和无人值守模式,过磅数据通用。它在为项目解决物资管理难题的同时,提供多种选择。

(1)有人值守模式。

①人工操作系统。

②硬件设备简单。

③机动灵活。

人工跟踪称重全过程,减少错漏,维持车辆秩序,流程清晰、操作简单,只需要点击几下按钮,即可完成物资验收。

有人值守模式适用于场地条件有限、网络条件差、项目人手较充裕的情况,称重流程与实操案例见图 4-6~图 4-7。

车辆上磅 → 车牌录入 → 地磅称毛重 → 地磅称皮重 → 物资信息录入 → 磅单打印

图 4-6 称重流程 1

图 4-7 实操案例(待进场)

（2）无人值守模式。

①无须人工值守。

②无须搭建磅房。

③系统自动验收。

称重全过程自动完成，无须人工介入，无须建设磅房，减轻操作人员工作压力。对于异常信息，手机端、电脑端同时推送消息，相关工作人员可第一时间掌握现场异常情况。

无人值守模式适用于高频率过磅、夜间过磅，以减轻操作人员工作压力，称重流程与异常监测及提醒等见图 4-8～图 4-10。

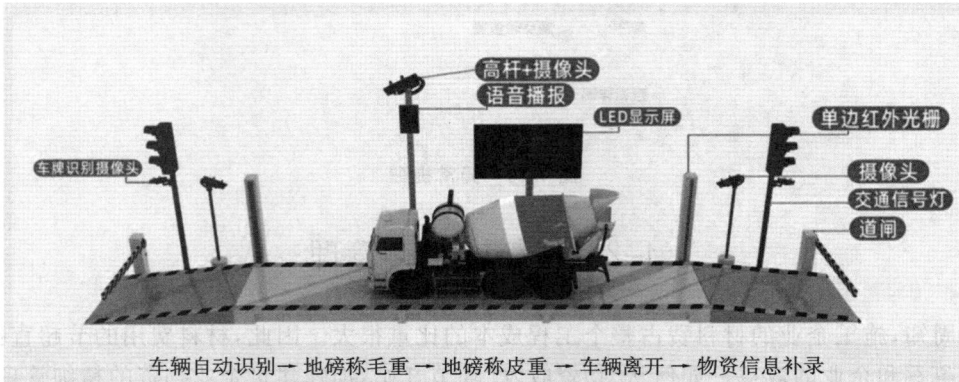

车辆自动识别 → 地磅称毛重 → 地磅称皮重 → 车辆离开 → 物资信息补录

图 4-8　称重流程 2

图 4-9　异常监测

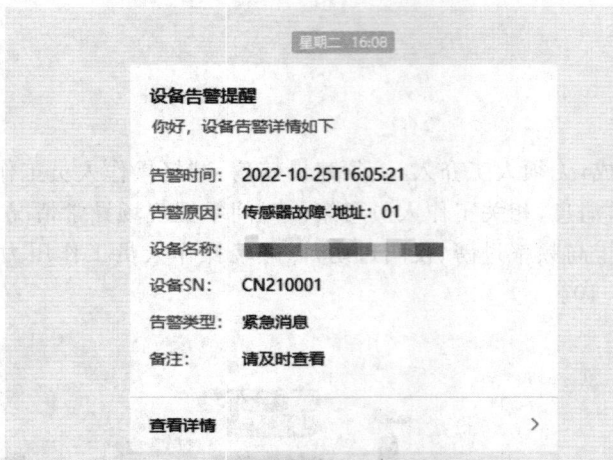

图 4-10 异常提醒

4.2 材料进销存管理

众所周知,施工企业的材料费占整个工程成本的比重很大。因此,材料费用的节超直接影响整个工程的盈亏和企业的效益。如何从"物资收发"环节开始,加强建筑企业物资的精细管理,降低建筑企业成本,是每家企业必须深入思考的问题。

4.2.1 概述

材料进销存管理通过大数据技术,多维度智能分析材料的进销存情况,为管理人员进行采购决策提供数据支撑,系统架构见图 4-11。下面以智能云收验货系统为例介绍材料进销存管理。

图 4-11 系统架构

1.地磅收发料

智能云收验货系统不仅可以收料,也可以发料,进行废旧物资出售、物资调拨等,帮助企业和项目管理人员计算物资账目。地磅可称皮重、毛重并自动计算净重,同一项目的多套地磅数据实时互通。智能云收验货系统实现了跨组织、跨项目的数据打通。

2.移动收发料

(1)微信公众号移动收/发料功能作为对地磅系统的补充,被用来对不易过磅物资进行点验并创建点验单,见图 4-12。

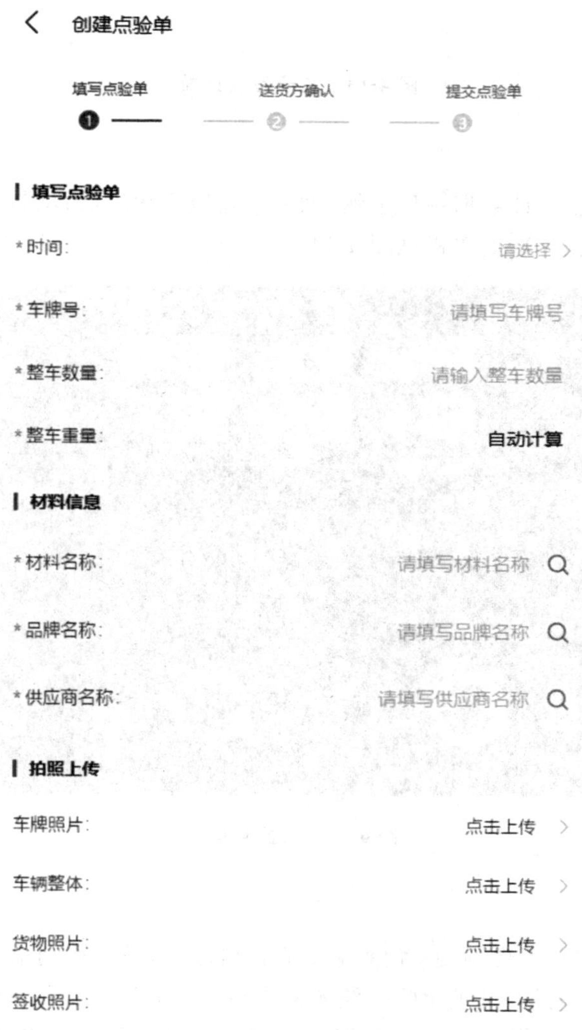

图 4-12　创建点验单

(2)使用手机摄像头拍摄点验照片,自动提取地理位置,减少验收工作量,同时保障验收数据真实准确。

(3)支持手写电子签名替代线下签字,提高工作效率。电子签名页面见图 4-13。

图 4-13　电子签名页面

3.数据看板

企业级数据看板,所有统计数据一目了然,助力企业数字化发展;项目级数据看板,项目数据直观显示,帮助项目成本管控。数据看板见图 4-14。

图 4-14　数据看板 1

4.远程视频监控

智能云收验货系统建立了现场端实时监控、Web 端远程监控、移动端监控三端联合监控机制,可进行实时监控、录像、回放等,满足验收一线操作人员、项目管理人员的监管需求,方便以上人员第一时间掌握物资验收现场情况。Web 端远程监控见图 4-15,移动端监控见图 4-16。

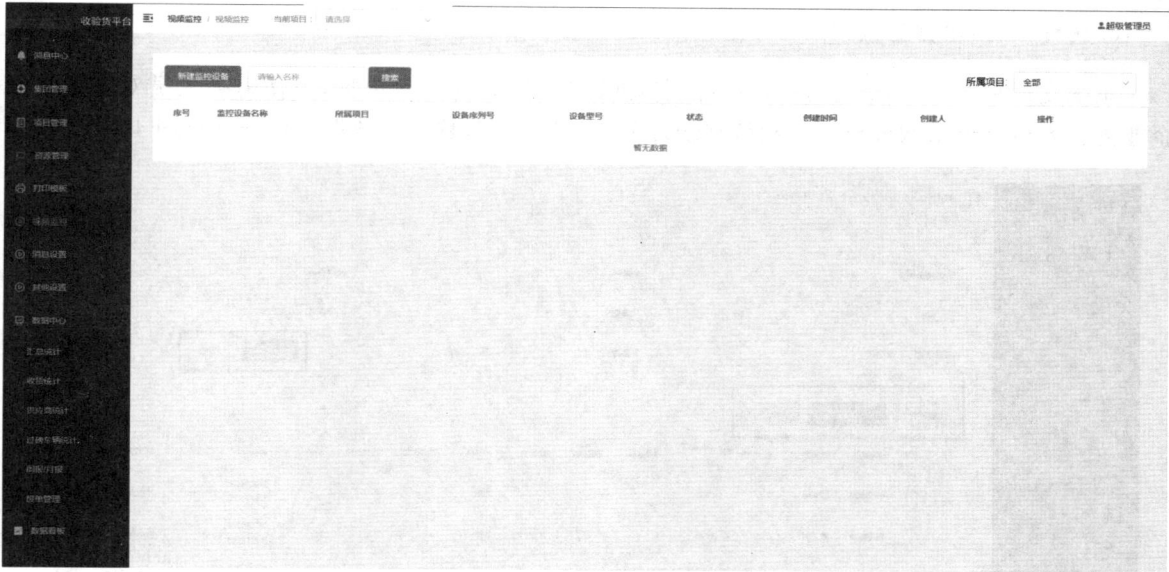

图 4-15　Web 端远程监控

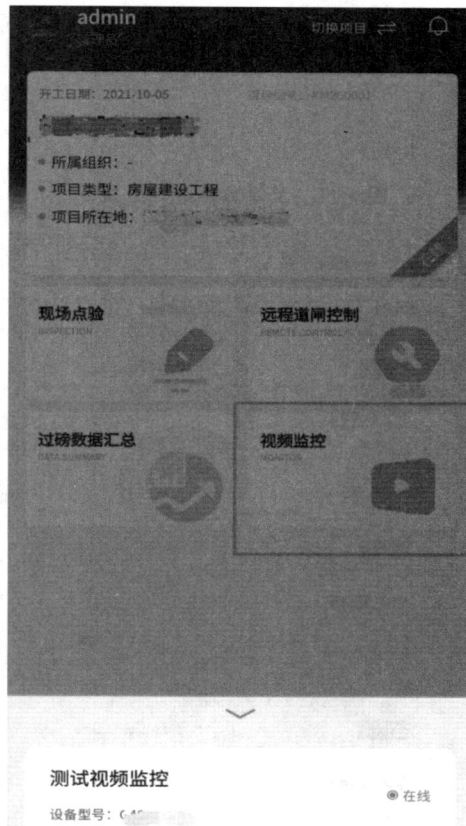

图 4-16　移动端监控

5.统计分析:单据查阅

系统支持在 Web 端查看、修改、废除、打印及导出所有的收料单据,方便财务人员对账结算及企业管理人员进行采购分析。云端数据统计分析见图 4-17,移动端数据统计分析见图 4-18。

图 4-17　云端数据统计分析

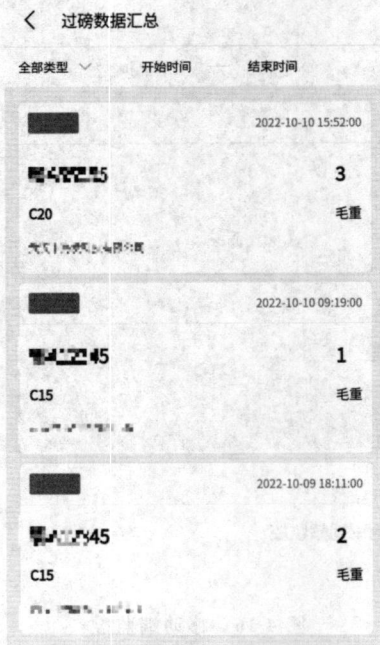

图 4-18　移动端数据统计分析

6.统计分析:材料、供应商、质量专题统计

系统可针对供应商、履约质量统计、供货总量排行分别进行专题统计分析和数据可视化，见图4-19。

图 4-19 数据看板 2

7.统计分析:月报、周报

与单据查阅类似，系统支持在 Web 端通过查看月报、周报处理所有的收料单据，方便财务人员对账结算及企业管理人员进行采购分析，见图4-20。

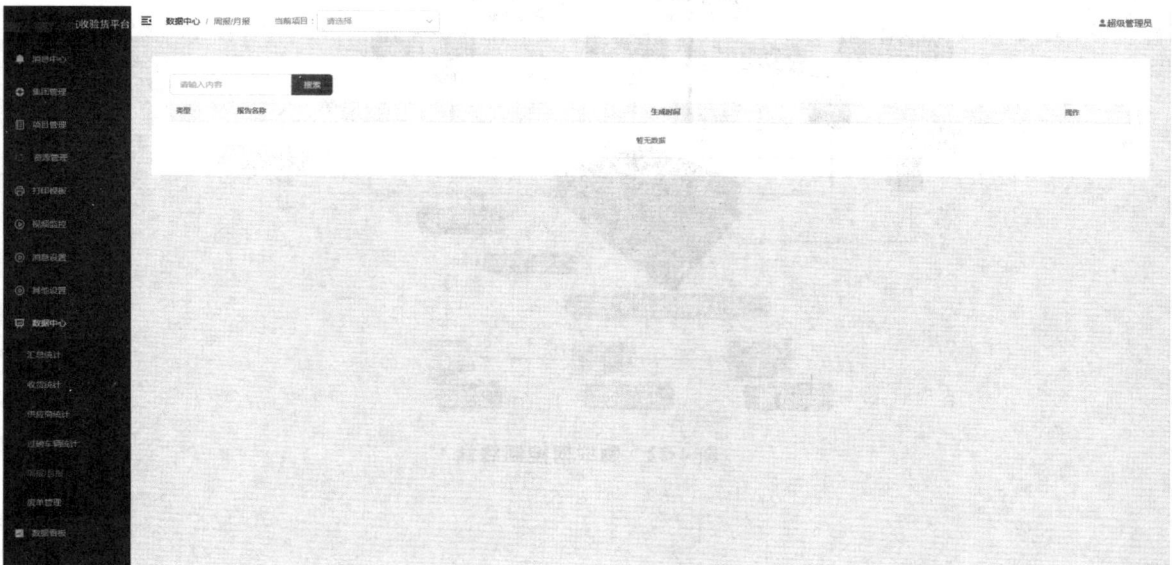

图 4-20 网页端数据

8.数据对接

系统将采集到的一手真实验收数据,通过标准化数据接口,对接到企业的财务系统、OA 系统、物资管理系统等各种内部管理系统中,实现数据共享,帮助企业搭建完善的物资管理体系。数据对接示意图见图 4-21。

图 4-21　数据对接示意图

9.物联网控制终端

(1)自由设置业务逻辑,适合多种应用场景。
(2)工业级产品标准:防尘、无噪、低热量、稳定可靠。
(3)具有自动复位功能:若出现未受控的异常情况,终端可自动重启复位。
(4)输入、输出标准统一,各端口可灵活运用,具有指示灯诊断提示功能。
(5)系统高度集成,所有信号采集设备直接接入终端,减少施工和调试难度。
(6)无磅房管理,工控机可安装于局域网内任何位置,方便管理人员灵活使用。
物联网控制终端见图 4-22。

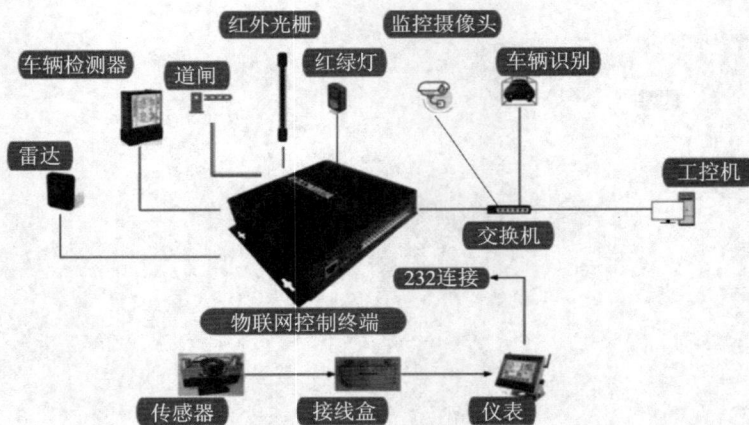

图 4-22　物联网控制终端

4.2.2　功能特点

1.降低物资成本

材料管理的核心是量和价的管理。企业通过集中采购和网上平台采购来管理价格,通过智能云收验货系统严把物资进出"关卡",严防成本亏损,管出效益,管出产值。大宗物资的过磅验收环节管控见图 4-23。

进：计划　物资采购　进场验收　入库保管　领料出库　废旧物资处置

进：数量管控　避免进场就亏损

出：严防处置不当　导致的成本亏损

图 4-23　大宗物资的过磅验收环节管控

2.降低人力成本

物资验收一般需要配备验收人员,如此既占人员编制,又增加薪酬成本。使用智能云收验货系统,可以极大降低人力成本。同时增强管理人员的机动性,不需要他们一直在磅秤旁边看管。

(1)有人值守:操作简单、无需学历等要求,普通工作人员即可胜任。

(2)无人值守:无须专门人员看管,无须搭建磅房,项目管理人员也可兼职。

3.实现标准化管理

智能云收验货系统既是一种管理工具,也是一套数字化管理体系,可以帮助企业在物资管理环节建立完善科学的管理规范,并落实到日常生产中,是落实企业标准化管理制度的最有效载体。

(1)三端结合。

为不同岗位的管理人员提供智能地磅称重、手机移动点验、云端数据统计三大管理模块,帮助企业实现物资验收数字化管控,保证收货数据真实、及时、准确,是保障物资收发真实性的强有力工具。

(2)标准化基础数据。

从企业层面统一材料库、材料的单位、标准转换率、理论质量等,为统计材料数据、计算收料偏差等提供基础。

(3)标准化模板、操作流程。

从企业层面设置统一规范的收料单、发料单、报表模板,设置防伪二维码,设置统一的确认审批流程等,使管理制度通过智能云收验货系统得到落实。

(4)供应商管控。

智能云收验货系统通过对供应商供应物资的送货量、实际收货量进行对比,可以计算供应商供货是否足量;通过对物资理论重量与实际重量进行对比,可以判断供应商供货是否优质。这样可以达到监控供应商履约质量,筛选优质供应商的目的。

4.3 见证取样和送检

4.3.1 见证取样和送检相关规定

《建设工程质量检测管理办法》(住房和城乡建设部令第57号)中相关规定如下。

第十九条 提供检测试样的单位和个人,应当对检测试样的符合性、真实性及代表性负责。检测试样应当具有清晰的、不易脱落的唯一性标识、封志。

建设单位委托检测机构开展建设工程质量检测活动的,施工人员应当在建设单位或者监理单位的见证人员监督下现场取样。

《房屋建筑工程和市政基础设施工程实行见证取样和送检的规定》(建建〔2000〕211号)中相关规定如下。

第五条 涉及结构安全的试块、试件和材料见证取样和送检的比例不得低于有关技术标准中规定应取样数量的30%。

第六条 下列试块、试件和材料必须实施见证取样和送检:

(一)用于承重结构的混凝土试块;

(二)用于承重墙体的砌筑砂浆试块;

(三)用于承重结构的钢筋及连接接头试件;

(四)用于承重墙的砖和混凝土小型砌块;

(五)用于拌制混凝土和砌筑砂浆的水泥;

(六)用于承重结构的混凝土中使用的掺加剂;

(七)地下、屋面、厕浴间使用的防水材料;

(八)国家规定必须实行见证取样和送检的其他试块、试件和材料。

《房屋建筑和市政基础设施工程质量检测技术管理规范》(GB 50618—2011)中相关规定如下。

5.2.1 建筑材料的检测取样应由施工单位、见证单位和供应单位根据采购合同或有关技术标准的要求共同对样品的取样、制样过程、样品的留置、养护情况等进行确认,并应做好试件标识。

5.2.2 建筑材料本身带有标识的,抽取的试件应选择有标识的部分。

5.2.3 检测试件应有清晰的、不易脱落的唯一性标识。标识应包括制作日期、工程部位、设计要求和组号等信息。

4.3.2 见证取样关键技术

1.人员实名制管理

通过工程项目的见证、取样员信息注册机制,绑定人员的手机号码,结合移动端照片管理,完成实名制验证。

2.物联网技术应用

通过二维码技术,对取样进行唯一性标识。

3. 智能移动终端的普及与应用

通过智能手机、平板电脑等移动终端,实现取样过程人员照片、样品照片、GPS坐标等关键监管信息的采集。

4. 互联网技术应用

移动终端结合互联网技术,实现工地现场取样的关键信息与监管平台的互联互通。

4.3.3　二维码适用范围及封样方法

取样员于工地现场在见证员的见证下取样,并对样品进行唯一性标识封样,通过互联网移动端实时记录取样过程并上传见证员身份、取样时间与取样地点。

1. 二维码适用范围

需现场倒模成型的试块使用固定座二维码(多个一组)(图 4-24),大型试件使用贴纸二维码(图 4-25),其他棒状、粉剂等试样使用扎带二维码(图 4-26)。

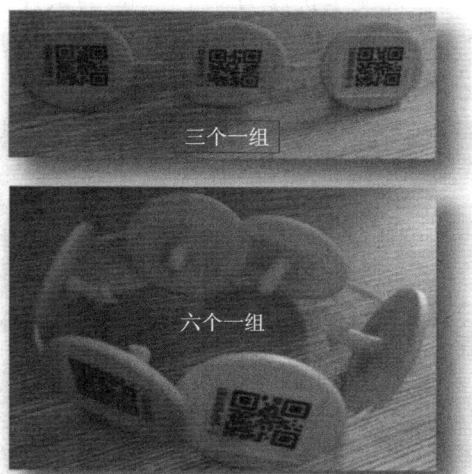

图 4-24　固定座二维码

图 4-25　贴纸二维码

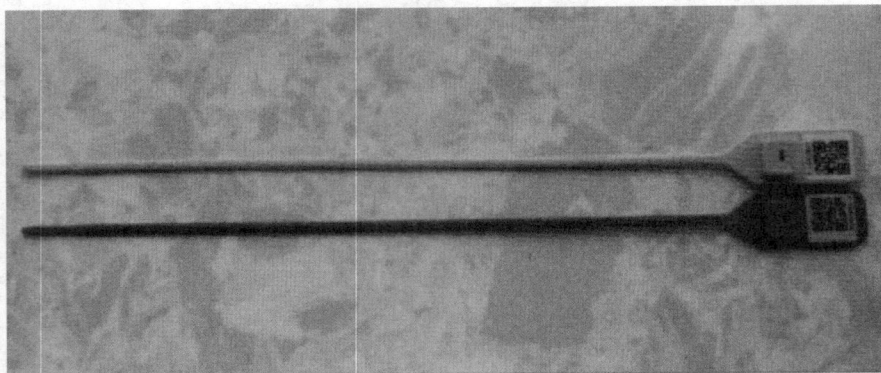

图 4-26　扎带二维码

2.二维码封样方法

　　工地现场取样员按照相关规范要求对建材进行取样,取样后应立即使用二维码样品唯一性标识对样品进行封样,植入时应注意不要造成二维码污损。

　　(1)混凝土、砂浆等 3 个一组(混凝土抗渗为 6 个一组)的试件应在试件成型后及时植入二维码。植入方法为:将一组 3 个二维码标签拆分,分别植入 3 块试件中,混凝土应覆盖二维码四周圆面,见图 4-27。(二维码右下方方形物体为防调换标识。)

图 4-27　混凝土与砂浆试块

　　(2)钢筋等棒状试件应先用铁丝或绳子捆好,然后将扎带二维码扎紧于试件中部,见图 4-28。

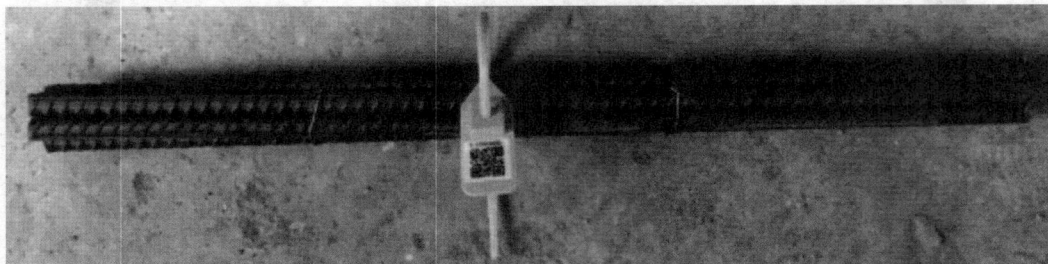

图 4-28　钢筋等棒状试件

（3）水泥（粉状）、涂料（水剂）、砖石等材料，需先将试样打包好，然后用扎带二维码封包，见图4-29。

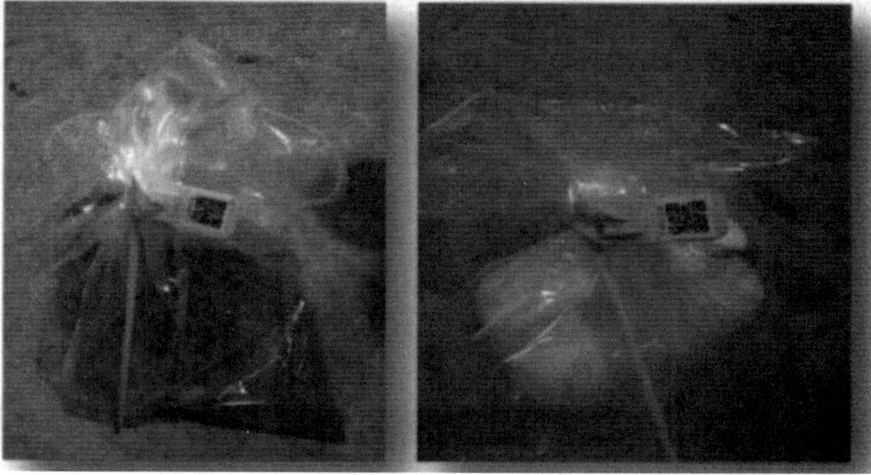

图 4-29 添加剂等水剂及沙石等粉粒状试样

（4）门窗等整体材料使用贴纸二维码，只需将贴纸二维码粘贴到送检样品上即可，见图4-30。

图 4-30 门窗等整体材料

4.3.4 见证取样工作网

1. 见证取样工作网介绍

见证取样工作网是生成和打印委托单，以及管理工程和个人信息的系统。见证取样工作网首页见图4-31。

2. 生成委托单

点击菜单【见证取样记录】打开见证取样记录页面，勾选需要生成委托单的记录（可以勾选同工程名称、同检测项目、同取样员的多条记录。注意：生成同一份委托单的几组记录检测后将在同一份检测报告中），点击【生成委托单】按钮，弹出对话窗，选择检测单位及委托时间，点击【生成】按钮即可生成委托单，见图4-32。

图 4-31　见证取样工作网首页

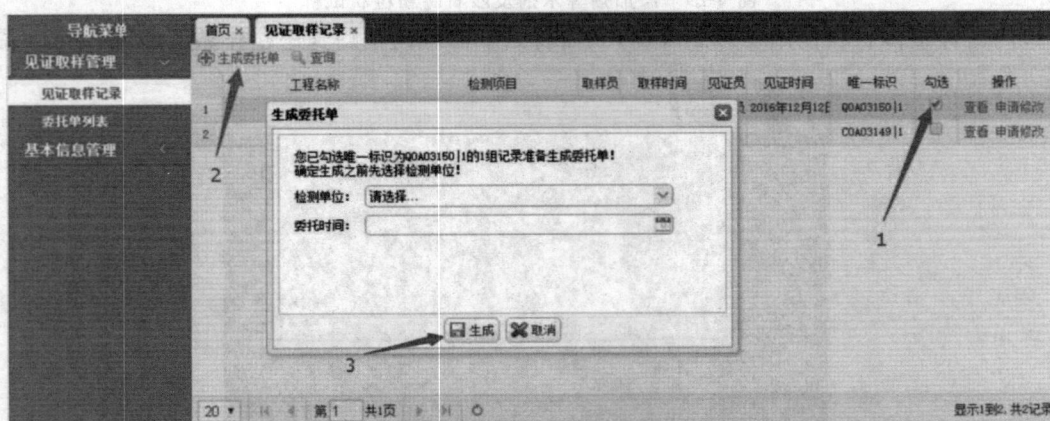

图 4-32　生成委托单

3. 打印委托单

点击菜单【委托单列表】打开委托信息列表页面，点击需要打印的记录后面的【打印】按钮会打开一个新窗口，在新窗口中找到【打印】按钮或者通过右键菜单中的【打印】命令进行打印（不同浏览器可能会有区别）（图 4-33）。

4. 取样信息修改

点击取样记录后面的【修改】按钮，打开信息修改对话框，在"修改值"列中填写正确的信息，不需要修改的留空即可，点击【保存】按钮即可完成修改，见图 4-34。

图 4-33　打印委托单

图 4-34　取样信息修改

5.工程信息管理

　　点击工程列表操作栏中的【删除】按钮可以删除没有取样的工程。点击【修改】按钮可以修改当前工程信息。具体操作为:在工程信息修改窗口中,将需要修改的信息填入"修改值"这一栏中,不需要修改的则留空。点击【选择】按钮弹出人员选择窗口,勾选相应人员,不需要则去掉勾选,见图 4-35。

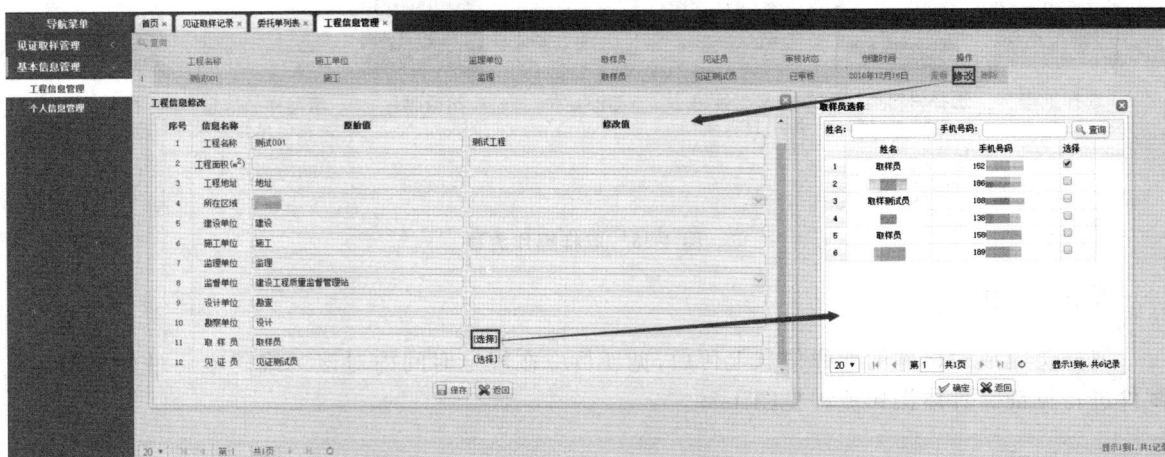

图 4-35　工程信息管理

4.3.5 见证取样操作流程

1.人员信息注册

首次使用前需要在见证取样工作网注册个人信息,注册时要分清人员身份,分别点击取样员、见证员、商砼人员链接进行注册。注册页面中带星号(*)的项目必须准确填写,注册后各人员登录工作网的账号即为手机号码,密码默认为"111"。人员信息注册见图4-36、图4-37。

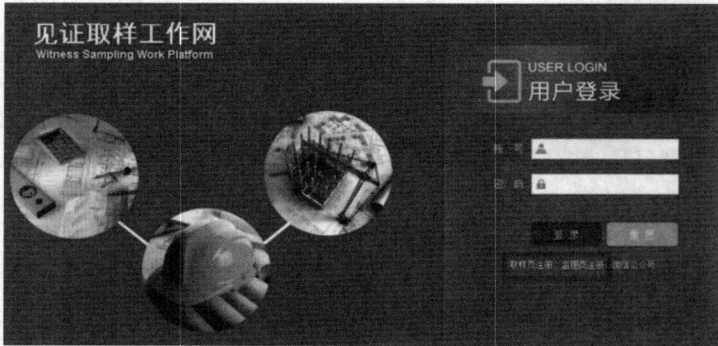

图4-36 见证取样工作网首页 　　　　　图4-37 人员注册页面

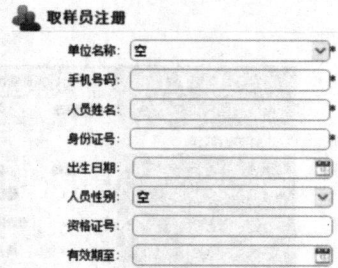

2.取样操作

植入二维码后应立即使用见证取样程序完成取样信息的上传。具体操作流程见图4-38。

注意:①取样操作时应确保网络信号及 GPS 信号正常。②取样操作必须在工程现场完成,因为偏离工程一定距离系统会自动将该次取样列为可疑对象,甚至不能上传取样信息。③取样员需按照指示依次拍摄二维码照片、人员自拍照、试块整体照片。

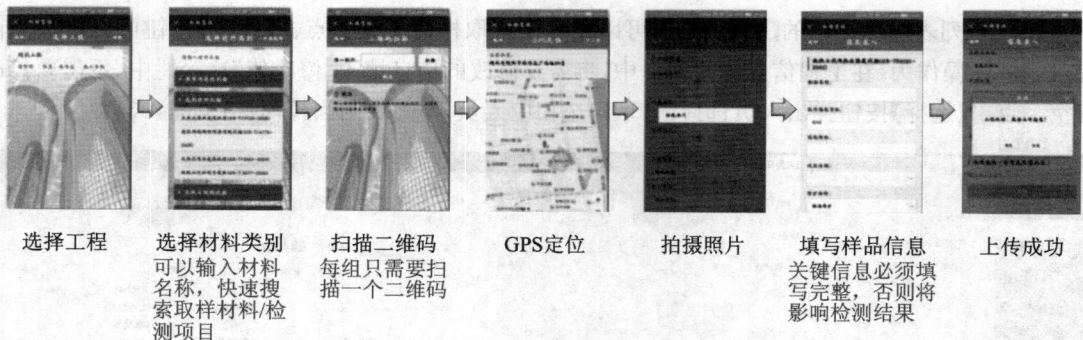

选择工程　　选择材料类别可以输入材料名称,快速搜索取样材料/检测项目　　扫描二维码每组只需要扫描一个二维码　　GPS定位　　拍摄照片　　填写样品信息关键信息必须填写完整,否则将影响检测结果　　上传成功

图4-38 取样操作流程

3.见证操作

取样员完成对试件的取样信息上传后,见证员应在规定时间内对该二维码唯一性标识对应的试件进行见证。具体操作流程见图4-39。

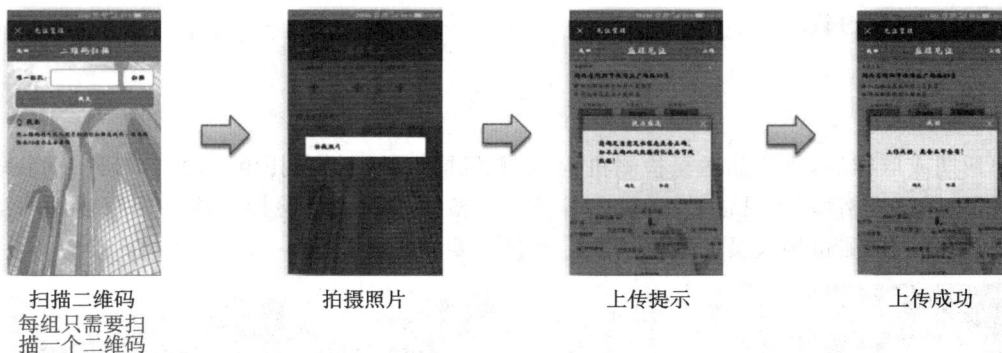

扫描二维码　　　　　拍摄照片　　　　　上传提示　　　　　上传成功
每组只需要扫
描一个二维码

图 4-39　见证操作流程

注意:①见证操作时应确保网络信号及 GPS 信号正常。②见证操作必须在工程现场完成,因为偏离工程一定距离系统会自动将该次见证列为可疑对象,甚至不能上传见证信息。③见证员需按照指示依次拍摄二维码照片、人员自拍照、试块整体照片。

4.数据查询

点击程序首页的【数据查询】按钮进入【记录查询】页面,输入工程名称等查询条件查询取样记录;也可以扫描二维码直接查询该组取样记录。在【查询结果】页面点击取样记录可以查看详细的取样信息,见图 4-40、图 4-41。

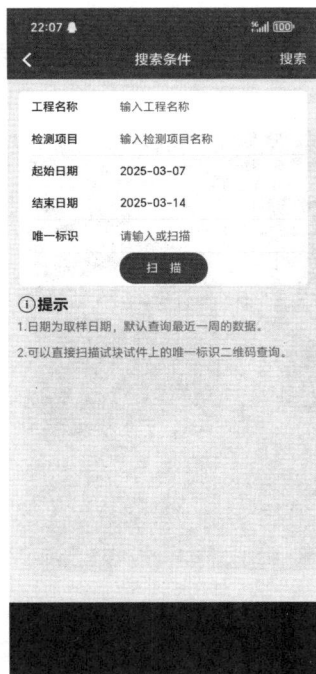

图 4-40　条件查询

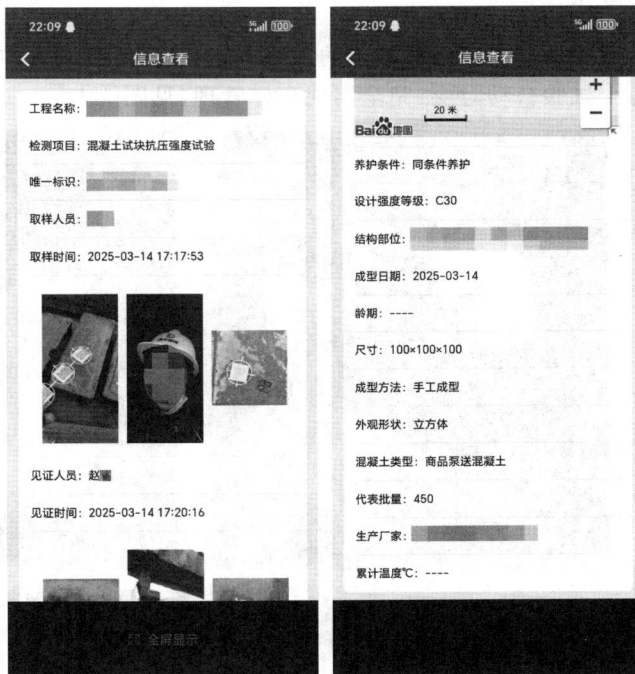

图 4-41　查询结果

4.3.6 收样及试验过程

1. 委托收样

养护到期或取样后,将样品送至检测机构,检测机构人员扫描委托单上的二维码自动获取样品的工程项目、样品规格型号、见证员、取样员等信息。检测机构人员验样完成并保存后即可生成委托单与编号,减少检测机构人员的数据录入工作量。委托收样见图 4-42。

图 4-42 委托收样

2. 试验检测

试验员只需扫描样品上的二维码,系统即可自动获取样品编号,试验完成后,试验结果与样品的各个试验自动对应,完全实现盲样管理,见图 4-43。

图 4-43 试验检测

3. 生成检测报告

试验检测完成后,系统自动进行试验结果的计算与试验结论的判定,自动生成试验检测报告并上传至监督管理平台。在生成报告的过程中,软件将自动提取报告的七项关键信息(报告编号、检测项目、工程名称、工程部位、委托单位、检测结果、检测结论)并进行加密,生成二维码附加在检测报告右上角,形成检测报告防伪标识。

4.4 智能点验管理

目前传统的钢筋、钢管等产品的点根统计主要是通过人工计数的方式进行,具体为点验人员统计记录每捆钢筋的根数,或者将成品钢筋进行称重以获得钢筋的数量。不论采用哪种计数方式,都需要大量的人力,劳动强度大,工作机械又枯燥,且由于钢筋生产误差和称量误差,采用称重的方式进行计数不准确,会给后期施工带来很大影响。总而言之,采用人工计数的方式,成本高,误差大,会降低一部分的企业利润,所以智能钢筋计数在工程管理过程中非常重要。

在实际工程中,无论是钢筋的入库还是钢筋的使用,对于钢筋数量的验收都是非常重要的。准确的钢筋计数在入库和使用过程中能够极大地减少工程中的经济纠纷,快速有效地进行钢筋计数在实际工程中尤为重要。需要进行钢筋计数的环节见图 4-44。

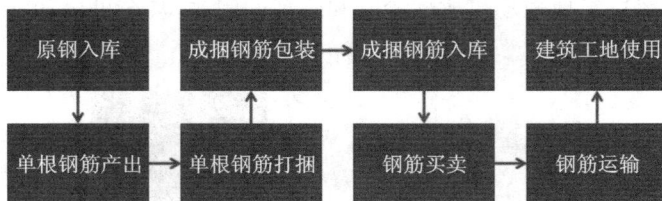

图 4-44　需要进行钢筋计数的环节

4.4.1　传统人工计数方式

钢材的进场点验非常关键,为了保证钢筋计数的准确性,点验人员一般会对已经计数的钢筋和未计数的钢筋进行区分,多数使用标记区分,即用不同颜色的颜料或者粉笔进行标记,保证清点钢筋时不混乱。在材料进场后需要对钢筋、钢管的数量进行核实,确认无误后才能卸货。由于钢筋数量多、种类多,一车钢筋的进场点验时间往往较长。

而对于直发钢筋加工作业队的情况,还需要分包方、项目方、厂家三方点数校验,往往只要一方点数结果不一致,就需要重新再点,多次重复清点耗时耗力。

传统的计数方式相对烦琐,并且需要消耗很多人力资源,速度慢。同时严寒、刮风、下雨天气给点验人员带来很大的负担。传统的钢筋点根方式见图 4-45。

图 4-45　传统的钢筋点根方式

4.4.2 智能盘点钢筋数量

目前智能盘点钢筋数量("AI 数钢筋",如图 4-46 所示)在实际工程应用中非常普遍,它能够极大地降低劳动强度,同时提高工作效率。智能盘点钢筋不仅可以快速统计钢筋的数量,也可以快速识别钢筋的种类和粗细等,同时还可以智能识别钢筋的用料等方面的质量问题,既快速高效,又能将建筑施工人员从这项枯燥繁重且无技术含量的工作中解脱出来,大幅提升建筑行业关键物料的进场效率和盘点准确性。

"AI 数钢筋"其实就是通过多目标检测的机器视觉方法以实现钢筋数量的智能统计,从而达到提高钢筋数量统计效率和精确性的效果。目标检测算法通过与相机结合,可以实现自动钢筋计数,再结合人工修改少量误检的方式,可以智能、高效地完成钢筋计数任务。

这种方法还可以推广应用到建筑业的其他场景,如钢板、钢管等各种材料的盘点,甚至可以广泛地应用到其他行业,解决工地现场粗放性验收和管理的问题,甚至可以和整个项目管理形成良性闭环,让工程质量更有保障。

图 4-46 AI 数钢筋

4.5　二维码物资管理

4.5.1　概述

1.二维码简介

二维码是用某种特定的几何图形按一定规律在平面(二维方向)分布形成黑白相间的图案,用来记录数据信息,在代码编制上巧妙地利用构成计算机内部逻辑基础的"0""1"比特流的概念,使用若干个与二进制相对应的几何形体来表示文字数值信息,通过图像输入设备或光电扫描设备自动识读以实现信息自动处理。

二维码的每种码制有其特定的字符集,每个字符占有一定的宽度,具有一定的校验功能,同时还具有自动识别不同行的信息及处理图形旋转变化等功能。二维码是一种比一维码更高级的条码格式。一维码只能在一个方向(一般是水平方向)上存储信息,而二维码在水平和垂直方向上都可以存储信息;一维码只能存储数字和字母,而二维码能存储汉字、数字和图片等信息。因此,二维码的应用领域要广得多。

2.表单功能介绍

互联二维码支持文本、多图、多文件、音视频、定位、表单记录等功能,适用于产品介绍、固定资产管理、设备管理、教学培训等场景。表单是放在二维码中,用来收集信息的工具。二维码关联表单后,可以实现扫码填表和查看记录功能。

以需要完成配线箱巡检记录为例。二维码代表配电箱这个物品,可以展示该配电箱的基本信息;表单记录配电箱巡检信息,可以收集一个配电箱的所有巡检记录,见图4-47。一张表单可以同时关联多个二维码,比如12个配电箱对应有12个二维码,巡检项目相同,就可以直接引用同一张巡检表单,收集到的数据也会汇总在一起,见图4-48。

图4-47　配电箱表单记录

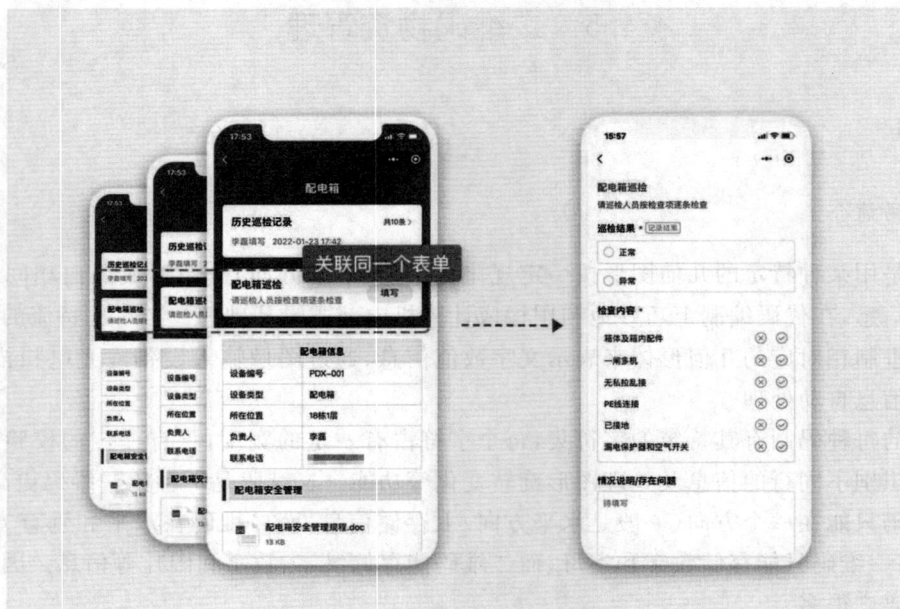

图 4-48 表单与二维码关联

4.5.2 二维码物资管理系统应用

互联二维码系统的库存管理功能可以实现实时的库存监控,扫码填写出入库信息后,系统会自动更新出入库数据,确保库存信息的实时性和准确性。通过二维码管理库存信息,其简化的操作流程不仅能降低培训成本和难度,还能更好地实现跨部门协同操作,提高企业的整体运营效率。

1. 创建库存管理二维码

进入互联二维码平台的【高级编辑器】来创建库存管理二维码,见图 4-49。

2. 生成库存管理二维码

点击右侧的【生成二维码】生成二维码,然后点击头部的【库存设置】开启库存展示功能,见图 4-50。在弹窗中对库存量进行设置,可设置初始库存量、货物单位和出入库时须填写的表单。

图 4-49　创建库存管理二维码

图 4-50　库存设置

3.编辑库存管理表单

在表单编辑器中,通过点击或者拖拽的方式添加左侧的组件。创建库存管理表单时,"出入库"组件为必选组件,否则将不能关联。将出入库组件添加完成后,单击组件可以对组件内容进行编辑,见图 4-51。

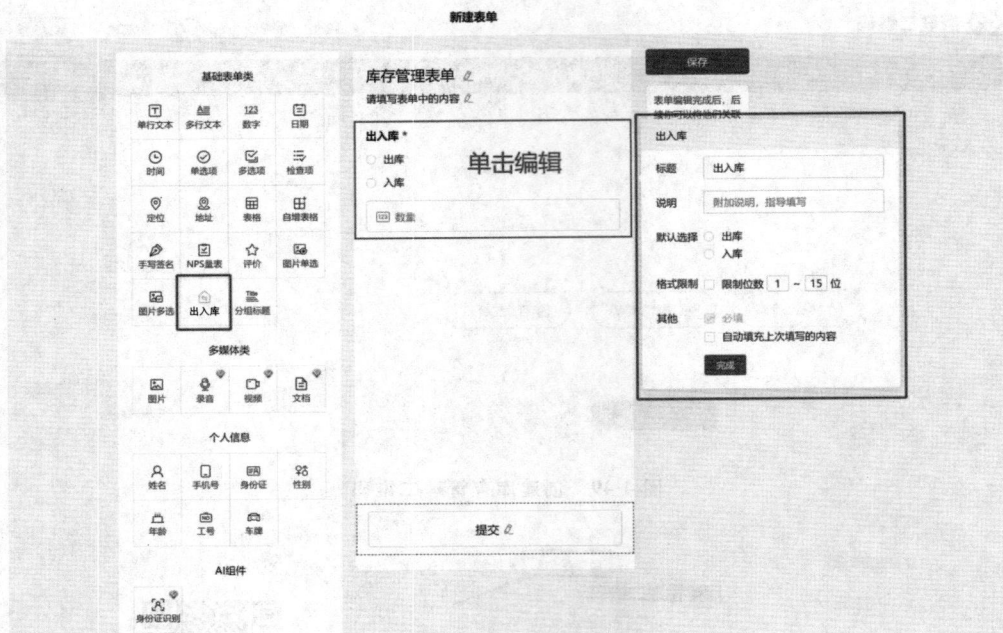

图 4-51   编辑出入库表单

4. 选择出入库填写的表单

库存管理表单编辑完成并保存后,回到弹窗页面,勾选刚制作的库存管理表单点击【确定】,见图 4-52。设置完成后,点击右侧的【保存内容】才能生效。

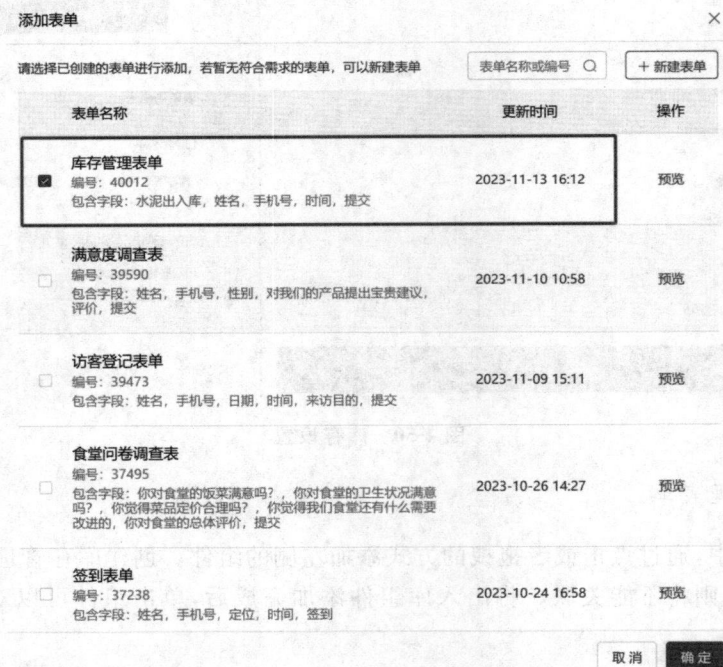

图 4-52   选择出入库填写的表单

5.二维码批量开启库存管理功能

可以批量将生成的二维码开启库存管理功能。在【管理后台】→【二维码】→【二维码活码】中，点击【批量操作】，见图 4-53。

图 4-53　批量操作

选择需要关联库存管理表单的二维码，然后将鼠标悬停在"更多"上，在弹窗中点击【库存设置】。见图 4-54。

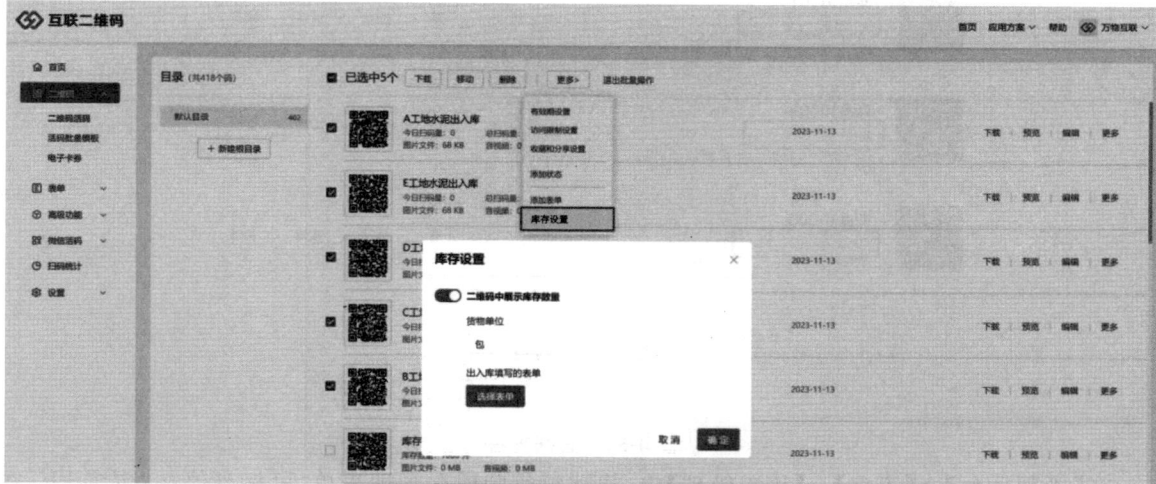

图 4-54　库存设置

接着编辑货物单位和选择要关联的出入库表单。二维码关联出入库表单后，员工扫码并点击【出入库】，就可以填写货物库存管理表单，见图 4-55。

6.库存数据查看

在【管理后台】→【二维码】→【二维码活码】中，如果该二维码开启了库存管理功能，则可以直接查看该商品的库存数量，也可以点击【库存导出】按钮，把库存数据导出到 Excel 中，见图 4-56。

图 4-55 入库填表

图 4-56 数据查看

在【管理后台】→【表单】→【表单管理】中，找到对应的库存管理表单，鼠标悬停在"更多"上，在弹窗中点击【表单数据】，就可以查看填写的出入库详细数据，见图 4-57、图 4-58。

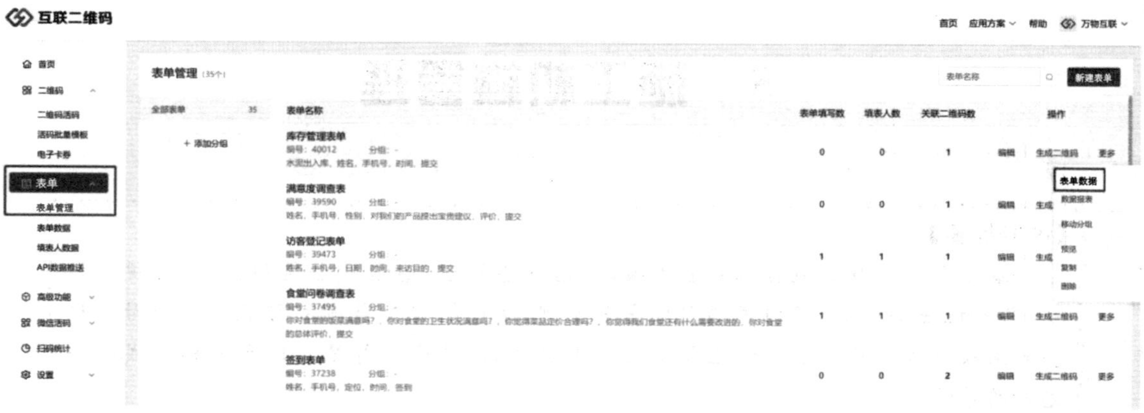

图 4-57　表单数据

图 4-58　入库详细数据

习题与思考题

4-1　当前,各工程施工项目针对称重类材料主要采用地磅称重、人工记录称重数据的传统方式,相较而言,智能地磅系统有哪些优势?

4-2　简述材料进销存管理系统有哪些优势。

4-3　简述收样及试验过程。

4-4　简述见证取样操作流程。

5　施工机械管理

【内容提要】
　　本章介绍智慧工地具体的应用项,包括设备管理、塔吊安全监测、吊钩可视化监测、升降机安全监测、龙门式起重机安全监测、架桥机安全监测和智能预警螺母。这些应用项是基于施工现场的业务需求衍生出来的,并通过智慧工地系统构建成一个完整的系统。

【能力要求】
　　通过本章的学习,学生应了解并掌握如何通过一个账户、一个终端进行数据的分析和业务的处理,实现项目内部业务的在线流转,实现施工过程的数据化。

5.1　设　备　管　理

5.1.1　概述

　　智慧工地设备管理是指利用先进的信息技术手段,对工地内的各种设备进行智能化管理。随着科技的不断进步,智慧工地设备管理已经成为现代工地建设中不可或缺的一部分。工地上一些常见的设备(如起重机、挖掘机等)直接影响着整个工程的施工进度和施工质量,因此需要对这些设备进行一些有效的管理。

　　传统的管理方式需要投入一定量的人力进行巡检和维护,不仅工作量大,而且施工质量受到人员主观因素的影响,导致整体管理效率较低。智慧工地设备管理的引入将会大大减少人员的投入,通过传感器和互联网技术进行实时监控,能够高效准确管理,极大地提高工作效率。同时,智慧工地设备管理可以提高设备的安全性,通过对设备进行实时监测和故障预警,可以及时发现设备故障并进行维修,避免因设备故障引发的安全事故。

5.1.2　设备管理流程

　　机械设备管理主要包括设备的进出场管理、设备安装管理、设备检查维修管理。机械设备管理人员可通过智慧工地管理系统进行设备快速进退场、日常检查、维保信息录入等工作,提高工作效率。详细数据可通过 PC 端查阅及导出,帮助施工企业实现机械管理的智慧化、详细化、数据化。智慧工地设备管理流程见图 5-1～图 5-7。

设备商、设备、操作司机,在智慧工地管理系统入库

机械设备进场时,在智慧工地管理系统登记报备,设备拆除后在线申报验收备案

设备退场后,在智慧工地管理系统上做退场登记

运行过程中,监测设备的运行状态,运行数据异常时系统自动推送报警信息

对于大型设备的**安装、拆除、顶升**等重大事件,在线申请、告知,系统将事件推送给相关监管人员,加强监管

图 5-1 大型设备全周期监管

图 5-2 PC 端界面

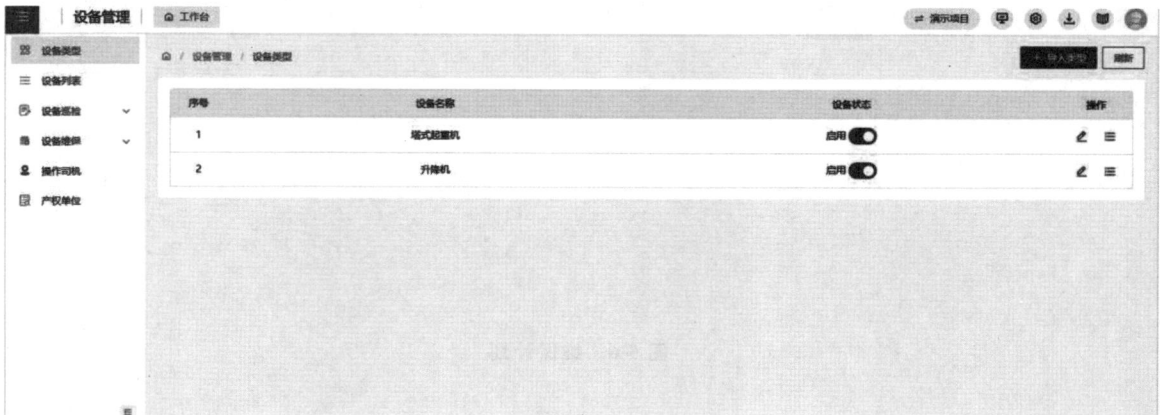

图 5-3 设备类型

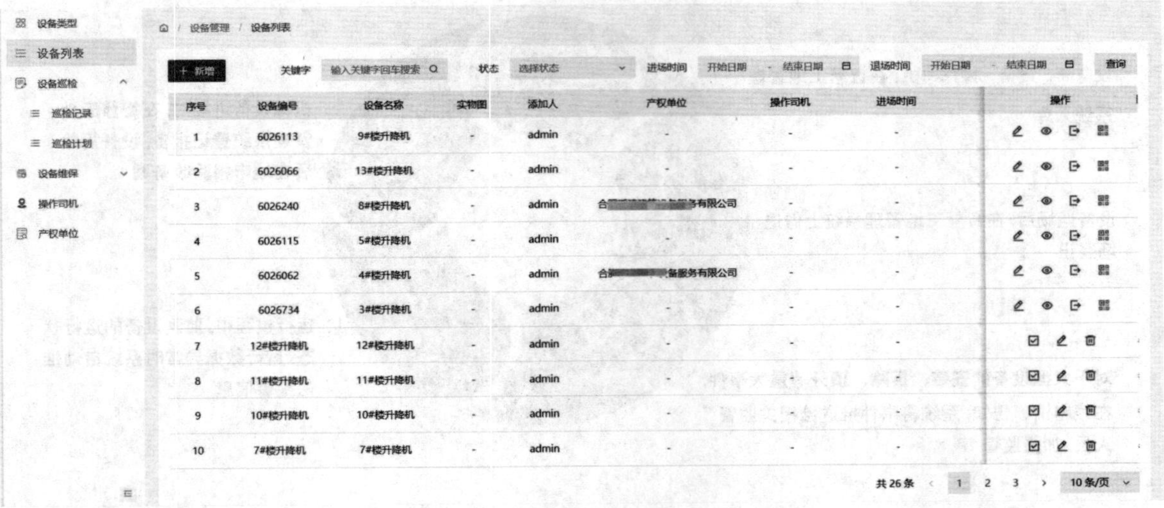

图 5-4 设备列表

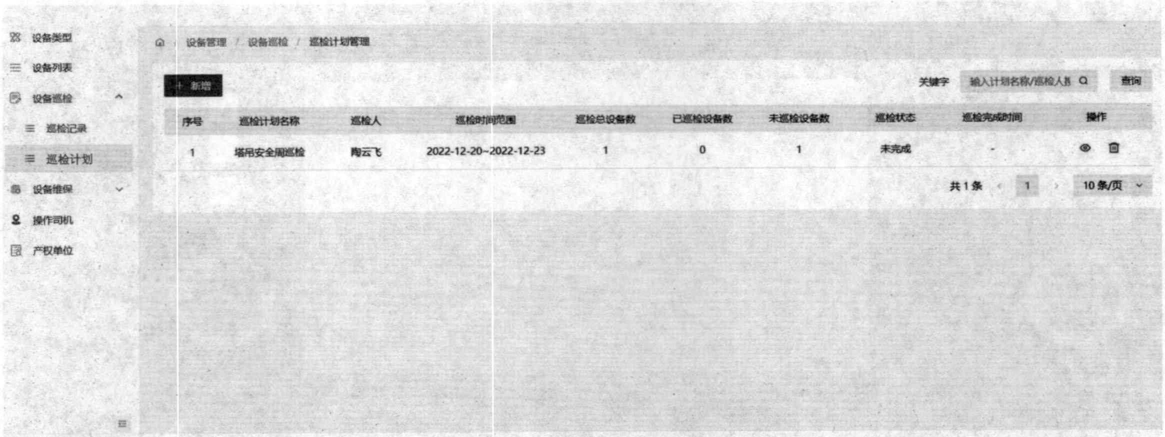

图 5-5 巡检计划

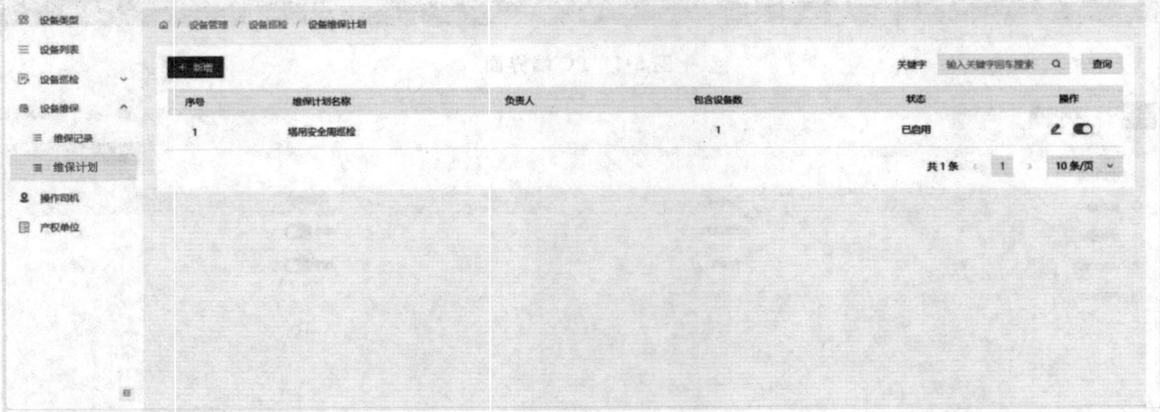

图 5-6 维保计划

图 5-7　操作司机

5.2　塔吊安全监测

塔吊是建筑工地上最常用的一种起重设备,用于吊施工用的钢筋、木楞、混凝土、钢管等原材料。塔吊模型及塔吊安全监测设备见图 5-8,塔吊监控见图 5-9。

建筑行业大量使用塔吊,由塔吊违规超限作业和塔吊群干涉碰撞等引发的各类塔吊运行安全事故会造成巨大的生命财产损失。安全事故的经验教训表明,只有对塔吊使用过程进行及时有效的监管,才能切实控制设备运行过程中的危险因素和安全隐患,预防并减少塔吊安全生产事故发生。

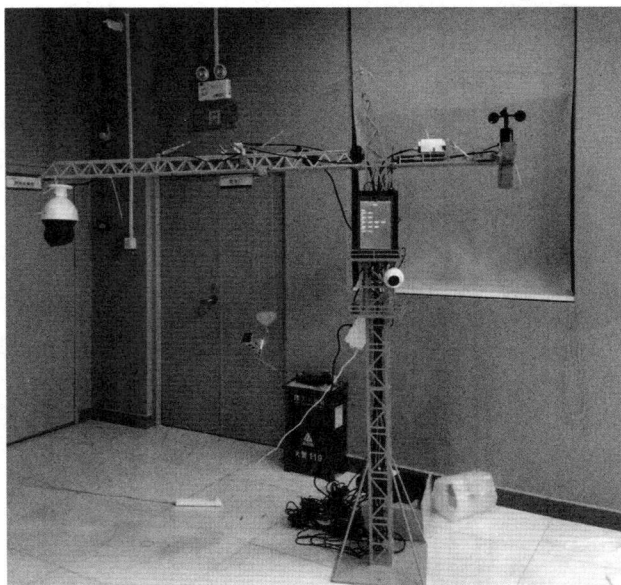

图 5-8　塔吊模型及塔吊安全监测设备

图 5-9　塔吊监控

5.2.1　系统组成

　　塔吊安全监测系统能向塔吊驾驶员展现吊钩周围实时的高清视频图像，使驾驶员能够快速准确地做出判断和操作，解决施工现场塔吊驾驶员的视觉死角、远距离视觉模糊、语音引导易出差错等问题。塔吊安全监测示意图见图 5-10。

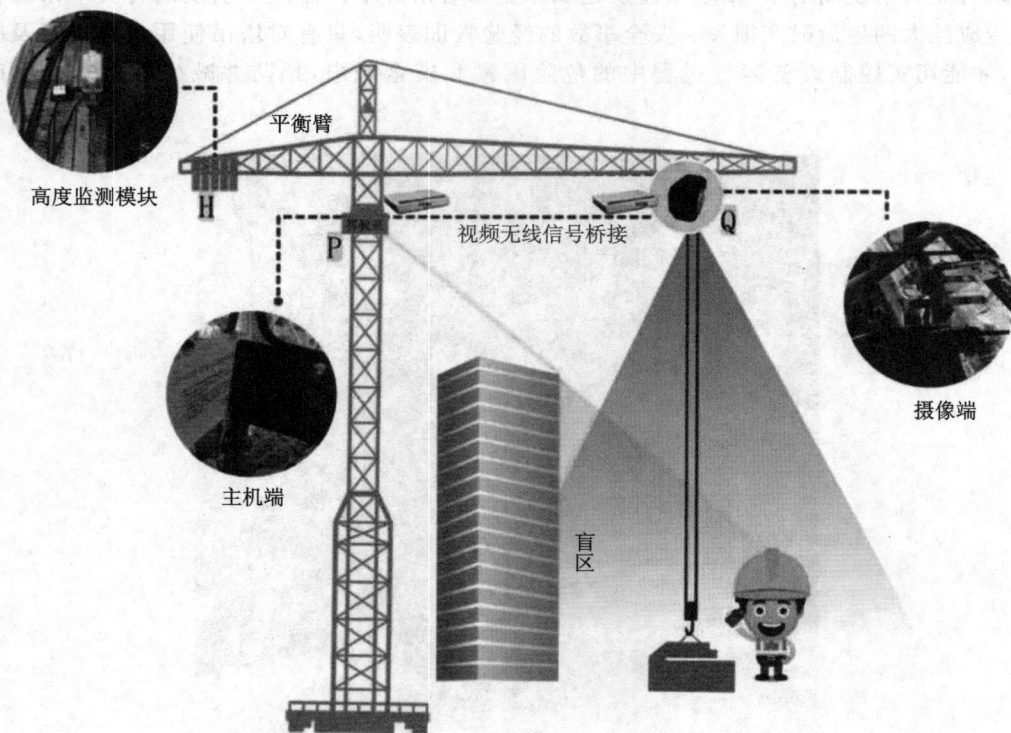

图 5-10　塔吊安全监测示意图

塔吊安全监测系统需根据《起重机械 安全监控管理系统》(GB/T 28264—2017)等相关要求进行设计、开发、生产。

以 CH-TJJC 系列塔吊安全监测系统为例,该系统是集互联网技术、传感器技术、嵌入式技术、数据采集储存技术、数据库技术等科技应用技术为一体的综合性监测仪器,能实现多方实时监管、区域防碰撞、塔吊群防碰撞、防倾翻、防超载、实时报警、实时数据无线上传及记录至黑匣子、远程断电、精准吊装、塔吊远程网上备案登记等功能。

该系统由塔吊安全监测系统主机和远程监测管理平台组成。主机安装在工地现场塔吊上,并连接幅度、高度、转角、重量、倾角、风速等传感器,且内置制动控制和具备数据存储等功能,可通过显示屏展示工地现场塔吊运行状况。远程监测管理平台可以为不同的用户开设不同权限,实现特定权限下的查看和管理。通过该平台,可以实现实时监测、统计分析等各项功能,便于工地现场管理部门及安监机构对塔吊进行实时在线监管、安全状况分析、网上备案和情况登记、开工统计、地理位置显示和历史数据分析等。同时,该系统针对安监部门、塔吊租赁公司等增加了违规远程锁机、驾驶员酒精检测等新功能。该系统各部件安装位置示意图见图 5-11。

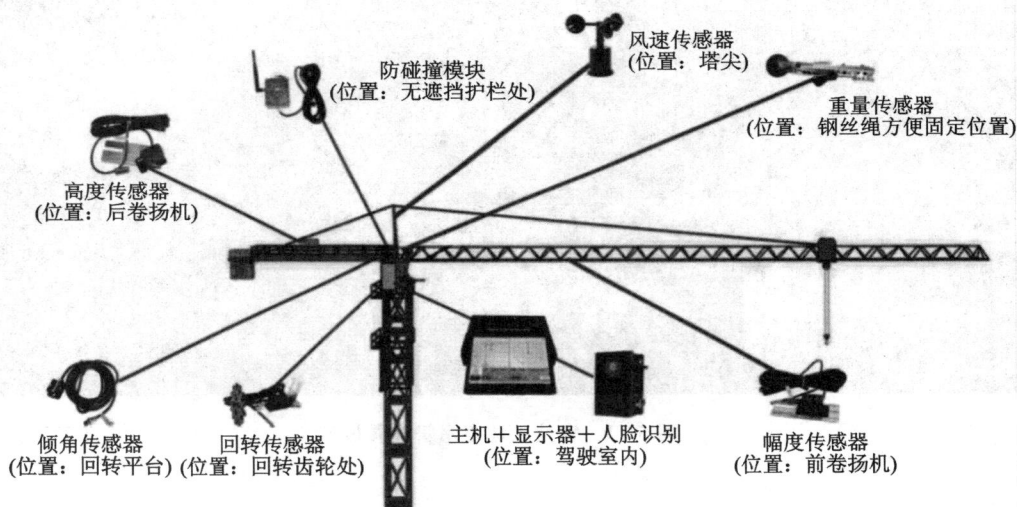

图 5-11 系统各部件安装位置示意图

5.2.2 功能特点

(1)功能齐全。可实时监控塔吊运行中的高度、幅度、转角、风速、倾角、吊重、力矩等参数,支持驾驶员识别认证、驾驶员酒精检测、远程锁机等功能。

(2)防碰撞功能完善。准确标定塔机坐标及角度后,即可实现多台塔吊的自动连接组网;塔吊群施工监控能有效防止塔吊群间碰撞,从而使区域防碰撞设置安全、有效。

(3)调试简单、数据自动采集。进入调试界面后选定指定项目,然后开启塔吊各项基本运行动作,即可完成数据自动采集。调试简单,便于安装人员高效、精准完成工作。

(4)力矩曲线丰富。系统内置近百种最新塔吊型号的力矩曲线,可根据塔吊铭牌显示的塔吊型号自由选择,操作便捷灵活。

(5)语音报警。当发现违规操作时,主机立即发声预警、报警,并在屏幕上显示红色预警、报警项目,及时提醒驾驶员处置。

（6）安装/维修便捷。夹具设计功能完善,简化安装步骤,减少安装人员高空作业时间。整机模块化设计,方便设备维修、保养,减少维护费用。

塔吊安全监测系统是塔吊驾驶过程中的辅助设备,安装塔吊安全监测系统的主要目的是对塔吊危险作业进行预警、预防,可为驾驶员正确操作提供依据,但并不能控制塔吊的危险动作,相关操作必须由塔吊驾驶员判断处理。故当塔吊安全监测系统发出语音预警时,塔吊驾驶员应高度重视,并立即采取缓速操作、减挡操作、刹车或其他安全操作措施,防止塔吊在高速运行的状态下无时间应急响应。严禁驾驶员擅自破坏黑匣子监测系统,使其失去预警功能。

监控数据、监管应用、现场作业指挥、监管终端等多个平台共同构建安全智能化监管系统平台,见图 5-12～图 5-14。

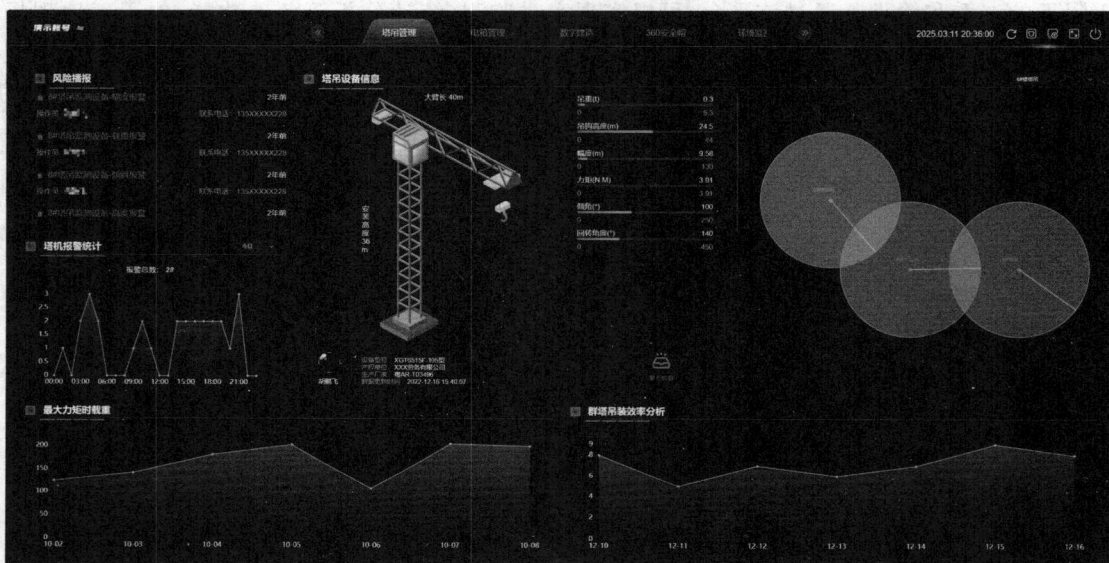

图 5-12　智慧工地塔吊管理看板

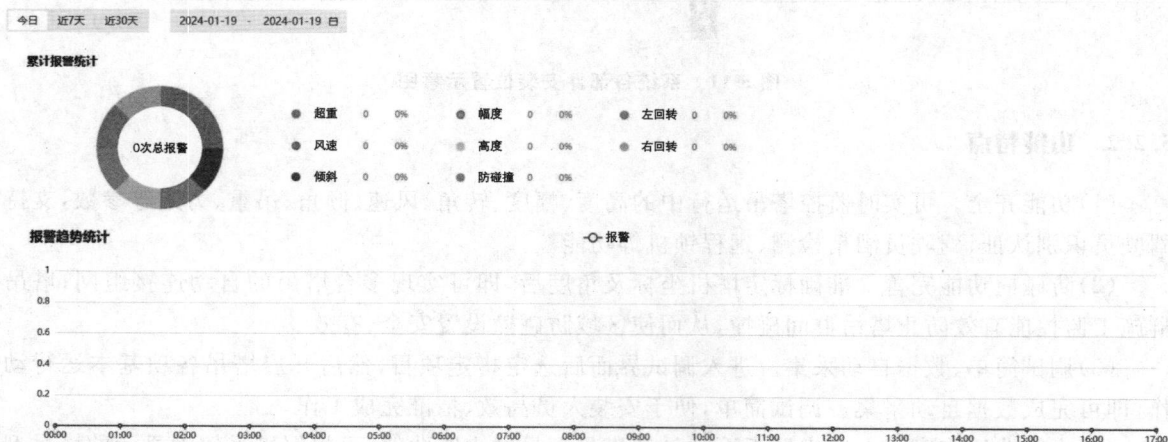

图 5-13　后台报警数据统计表

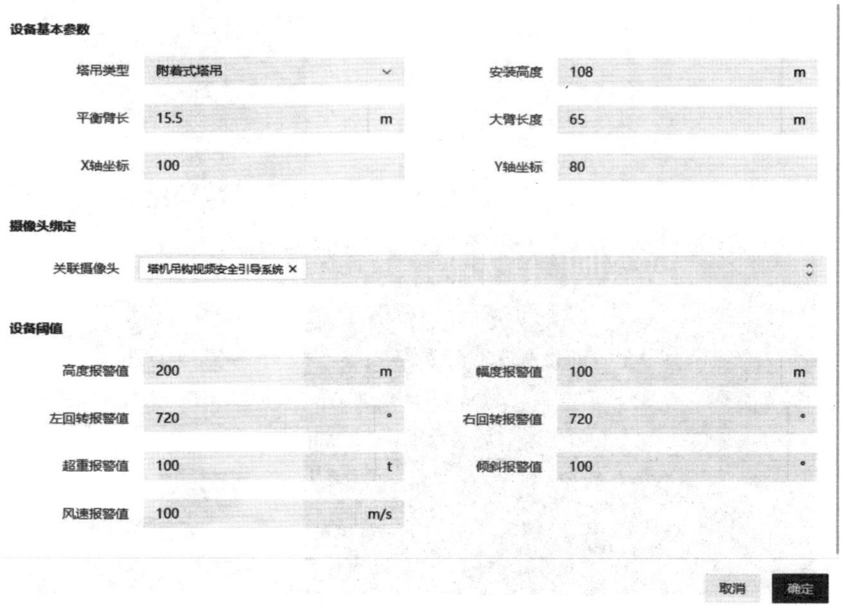

图 5-14　塔吊设备基本参数

5.3　吊钩可视化监测

传统塔吊存在塔吊驾驶员视野受限、超重、塔吊力矩过大、塔群碰撞等风险，会造成人员伤亡和巨大的经济损失。建筑工地"以人为本"不是一句口号，安装塔吊可视化监测系统是目前除人为预防之外最好的保障施工人员安全的办法。

吊钩可视化监测系统需根据《视频安防监控系统工程设计规范》（GB 50395—2007）等相关要求进行设计、开发、生产。

5.3.1　系统组成

吊钩可视化监测系统由监测主机（含硬盘录像机、硬盘、充电控制模块、变焦控制模块、通信模块等）、摄像头（含控制模块、通信模块、锂电池等）、充电桩、接收网桥、高度传感器组成。

吊钩可视化监测系统部分组成见图 5-15。

5.3.2　功能特点

该系统视频监控硬件方面是把高清红外变焦摄像头安装在塔吊大臂的小车下方，通过对塔吊起升高度进行实时监测，由主机计算高度并传输命令给摄像头，实现摄像头自动变焦、变倍。同时，通过对吊钩下方作业画面的智能追踪拍摄，利用无线网桥把采集到的视频传输给主机并展示给塔吊驾驶员观看，让驾驶员实时观看施工现场小车下方的作业情况，解决了施工作业时远距离视觉模糊和人工语言引导易出差错等作业难题，杜绝盲吊，减少塔吊安全隐患。

远程智能监控管理软件平台通过 4G/5G 无线网络或有线网络，将主机联网，实现实时数据和视频的传输。通过智慧工地管理软件，实现现场安全管理人员、项目管理人员以及监管部门的实时查看和监管。同时，该平台具备录像功能，以备随时查看。

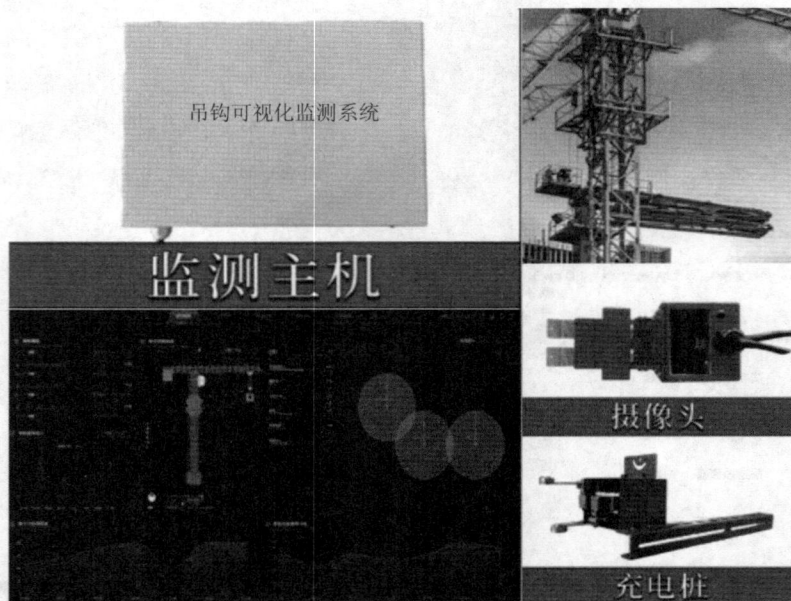

图 5-15   吊钩可视化监测系统

5.4 升降机安全监测

升降机安全监测是对施工升降机的载重、速度、高度限位、门锁状态、导轨架倾斜角度、操作人员身份管理等安全信息实时监测,能对施工升降机的各种危险进行有效预防,并能将信息传输到远程的管理平台,实现对建筑机械的远程管理和控制。

5.4.1 系统组成

升降机安全监测系统是施工升降机安全监测、记录、预警及智能控制系统,该系统能够全方位实时监测施工升降机的运行工况,且在有危险源时及时发出警报和输出控制信号,并可全程记录升降机的运行数据,同时将工况数据传输到远程监控管理平台。该系统由安装在施工升降机内部的安全监测仪和远程监控管理平台两部分构成,升降机安全监测系统组成见图 5-16。

施工升降机安全监测仪安装在升降机吊笼内,该设备能实时检测升降机的载重、人数、实时高度、运行速度、门锁状态、倾斜度,以及进行内部抓拍、识别驾驶员身份,并通过 GPRS 模块实时将数据上传到远程监控管理平台,实现远程监管,仪器配置见图 5-17。

5.4.2 功能特点

升降机安全监测系统具有多种功能,主要包括以下几个方面。

(1)远程监控管理。

建筑起重机械安全监控管理系统能实时记录、显示各工作区域内所有升降机的运行状况,包含电子地图、模拟监控、统计分析报表、短信告知、图像浏览等功能,系统登录界面见图 5-18。

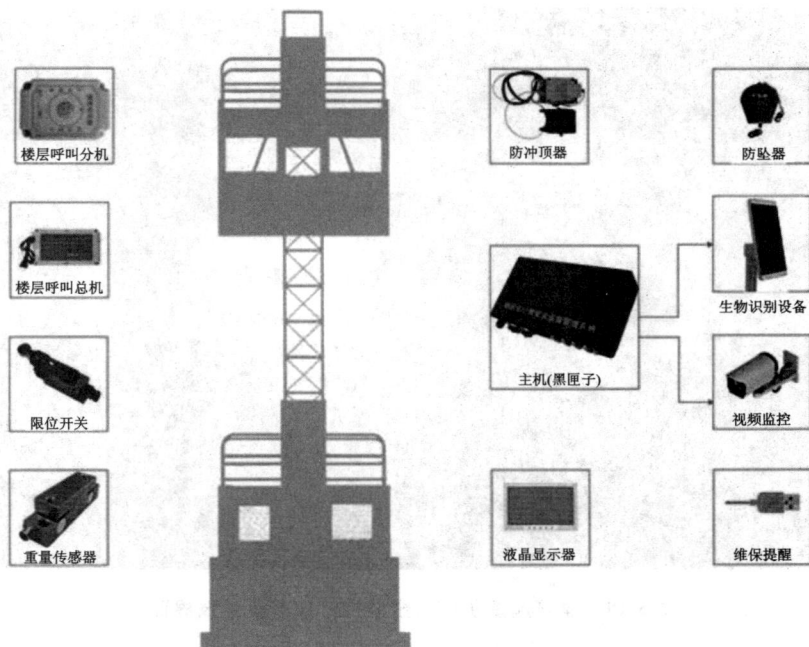

图 5-16 升降机安全监测系统组成

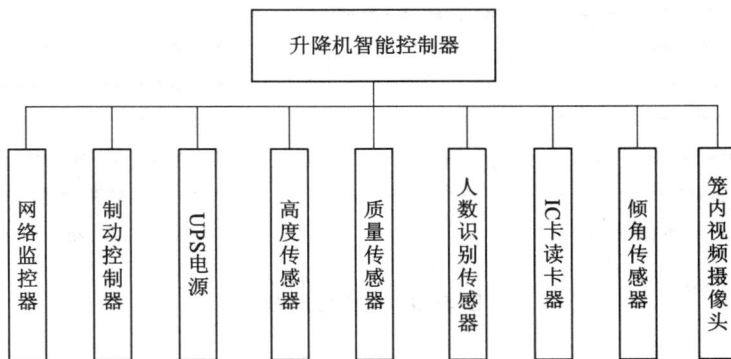

图 5-17 仪器配置图

（2）数据记录与分析。

系统会自动记录和存储升降机的各种数据，包括运行时长、载荷变化等信息。管理人员通过对这些数据的分析，可以及时发现潜在问题并加以解决。

（3）模拟监控。

升降机安全监测系统使用最新仿真模型，可形象地显示现场工况数据，让各监管主体更容易监管施工现场，见图 5-19。

图 5-18　建筑起重机械安全监控管理系统登录界面

序号	工程名称		施工单位		塔式起重机			施工升降机		
					报警	正常	离线	报警	正常	离线
一 1	城址捞河南收置区及地下车库		长沙建工集团纯分公司(家都安祖建设工…		无	5台	无	无	无	无
正常	北城捞河南9#	9	13000818	9#		视频监控 模拟监控 运行数据 运行时间 报警信息				
正常	北城捞河南11#	11	13000829	11#		视频监控 模拟监控 运行数据 运行时间 报警信息				
正常	北城捞河南6#	6	13000873	6#		视频监控 模拟监控 运行数据 运行时间 报警信息				
正常	北城捞河南16#	16	13000841	16#		视频监控 模拟监控 运行数据 运行时间 报警信息				
正常	北城捞河南19#	19	13000823	19#		视频监控 模拟监控 运行数据 运行时间 报警信息				

共1页第 1 页 转到　　　　　　　　　　　每页显示15条 共1条记录

图 5-19　模拟监控图

5.5　龙门式起重机安全监测

国家的基础设施建设飞速发展,各种起重设备随处可见,它们在作业时常常运送大吨位物体,存在一定的安全隐患。因此,越来越多企业给这些大型设备安装安全监控系统。安全监控系统将采集和管理职能逐步扩展到远程和云端,既能采集设备现场的信息,又能方便管理人员在远离现场的情况下实时监控设备和人员。此外,该类系统还能采集、分析海量数据,不断提升客户价值和企业价值。

5.5.1　系统组成

龙门式起重机安全监控管理系统由视频监控系统和安全监控系统组成。系统实时显示起重机的运行状况参数,包括主副钩参数、整车参数、天车参数、本次工作时间、工作时间、工作次数、通信状况等,可以让驾驶员全方位掌握起重机的实时运行状况,提高了操作的安全性。安全监控管理系统主界面见图 5-20。

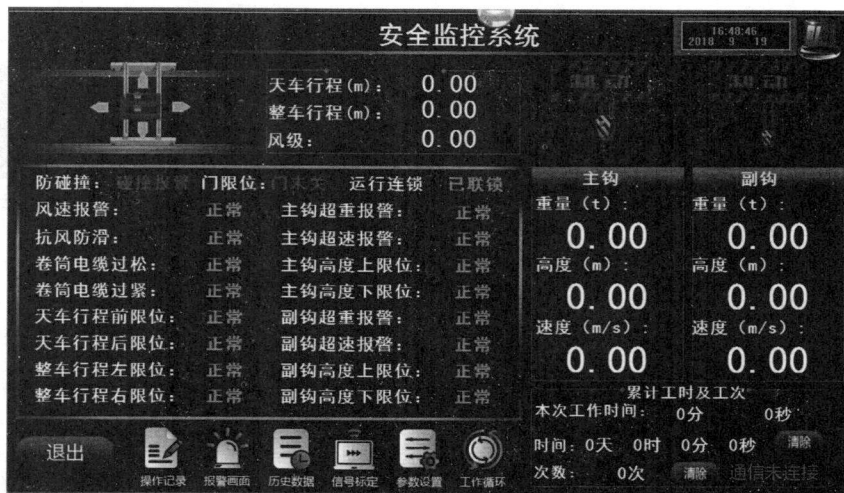

图 5-20 龙门式起重机安全监控管理系统主界面

5.5.2 功能特点

1. 实时显示操作记录

系统实时显示龙门式起重机的运行状态,如天车动作记录、整车动作记录、主钩动作记录、副钩动作记录等,见图 5-21。

图 5-21 龙门式起重机安全监控管理系统操作记录画面

2. 显示报警画面

系统显示实时报警画面及历史报警画面,记录龙门式起重机运行过程中的各种故障报警和设置报警,包括超载报警、门限位报警、主副钩上限报警、天车行程报警、限位报警等,并且在故障发生时发出声光报警,以及时提醒驾驶员,见图5-22。

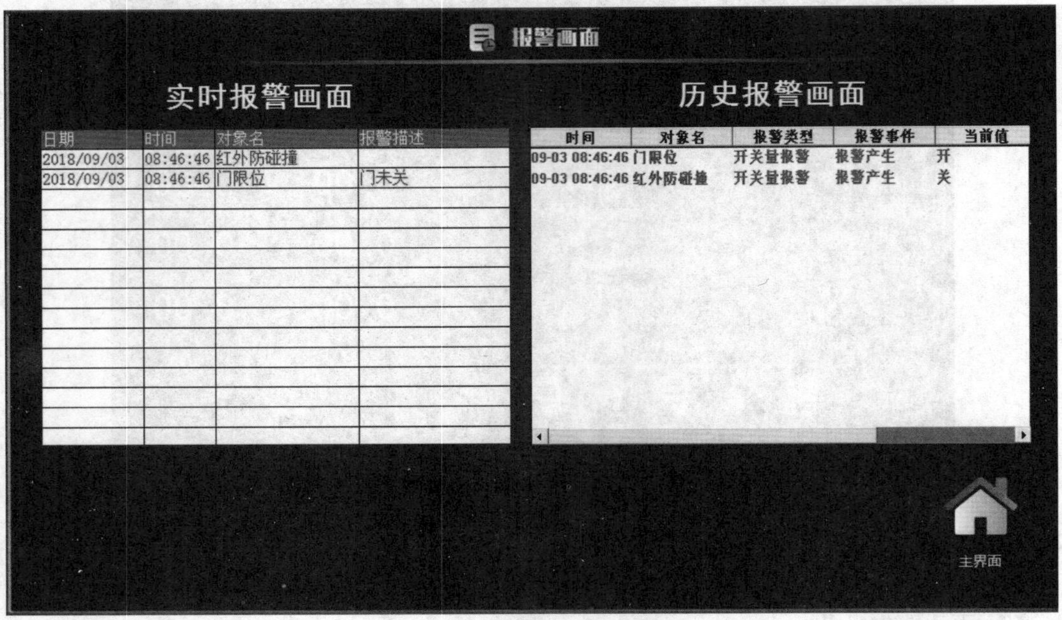

图 5-22　龙门式起重机安全监控管理系统报警画面

3. 视频直播

可以对施工现场的设备进行视频直播,实时查看现场情况,见图5-23。

图 5-23　施工现场视频直播

4.设备健康看板

对一定时间内的历史数据进行分析并生成图表,直观地展示设备健康情况,见图 5-24。

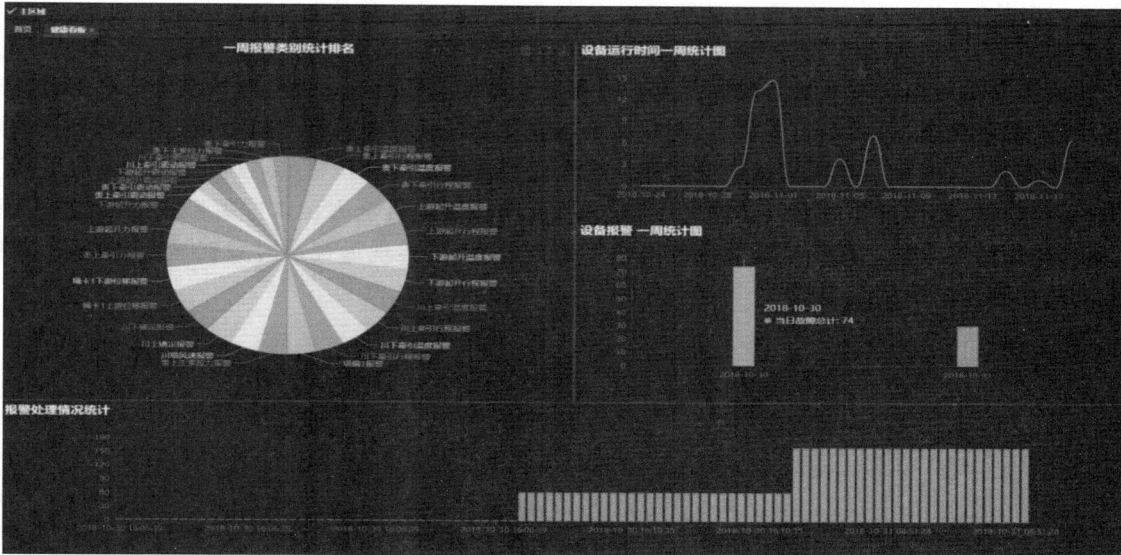

图 5-24　设备健康看板

5.记录历史数据

系统历史数据画面记录起重机实时运行数据,可具体到每一天每一秒的运行数据,可存储 30 个连续工作日历史数据,管理人员可以在主机上查看,也可以由存储设备导出后查看,见图 5-25。

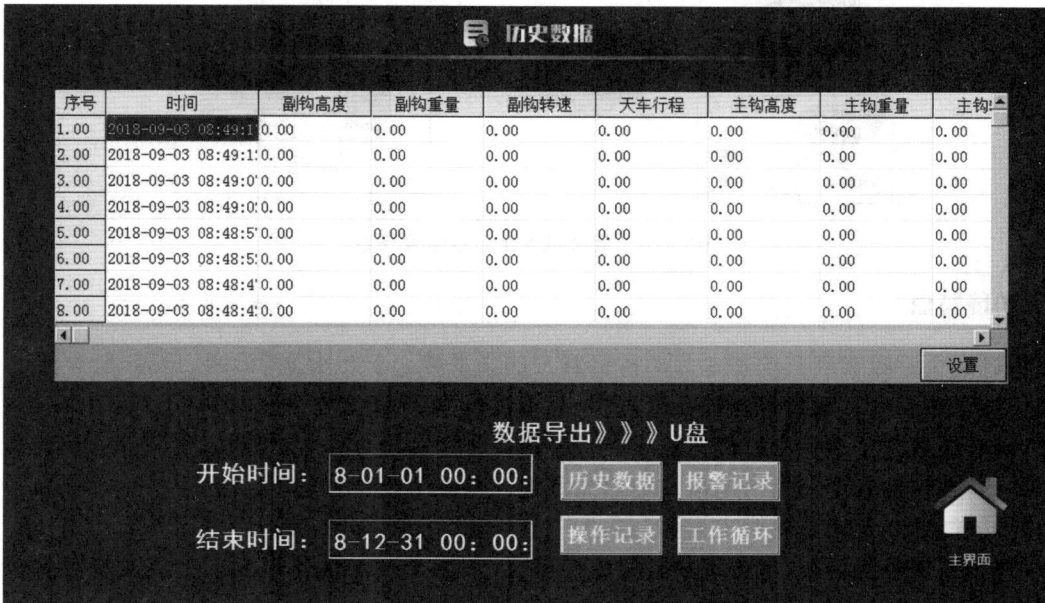

图 5-25　安全监控管理系统历史数据画面

5.6 架桥机安全监测

5.6.1 系统组成

架桥机安全监控管理系统由视频监控系统和安全监控系统组成。视频监控系统监测架桥机的过孔状态、架梁状态、运梁车同步状态,视频显示器放置于驾驶室中或者主机电箱内,使驾驶员的操作视野更加宽广,提高了架桥机操作便捷性。安全监控系统监测架桥机的运行行程数据、起升高度数据、限位数据、操作指令数据以及输出控制点位,可以让驾驶员全方位掌握架桥机的实时运行状况,提高操作的安全性。现场检测数据经网络上传至云端,可实现远程实时数据显示、记录。架桥机安全监控管理系统见图 5-26。

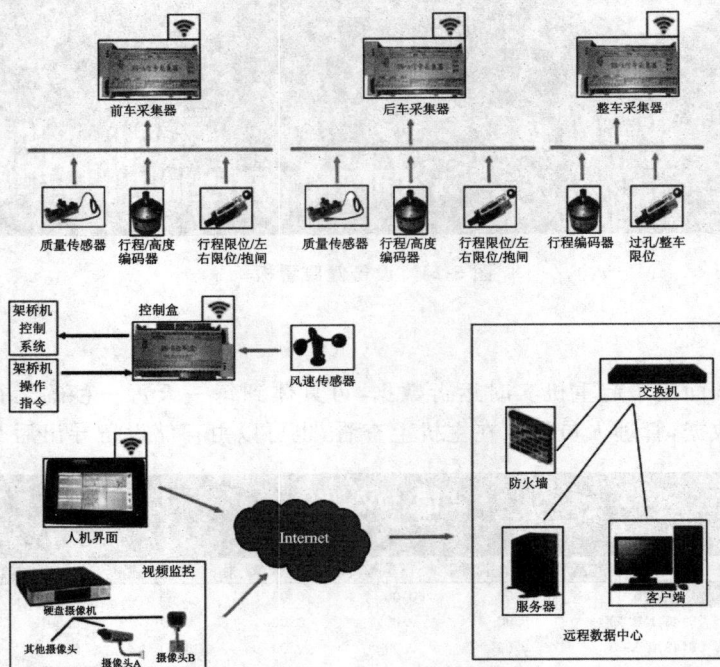

图 5-26 架桥机安全监控管理系统

5.6.2 功能特点

架桥机安全监控管理系统是专为架桥机开发的集监控、记录、分析、诊断、预警、统计于一体的交互式信息管理平台。架桥机监控系统符合《起重机械 安全监控管理系统》(GB/T 28264—2017)的要求,同时还融入了多种架桥机监控、维护、管理等实用功能,是一款将设备管理及人员行为管控融为一体的,真正使安全监控措施落地的监控系统。系统主要特点如下。

(1)系统能独立记录并实时查询各类数据。

(2)整个系统分为两层,上层为中控室监控单元,下层为现场操作单元。上层实现对架桥机的监控、控制;下层通过将信号发送至控制盒,实现监控。

（3）整套系统采用定制频段无线通信，避免通信受干扰从而导致数据变化。

（4）系统结构简单：人机界面无线上位机，有效降低投资成本及维护成本。

（5）整套系统以信号采集盒为主控元件，和机械限位保护一同实现安全监控，可靠性高。

1. 实时显示操作记录

系统实时显示架桥机的运行状态，如天车动作记录、整车动作记录、主钩动作记录、副钩动作记录等，见图5-27。

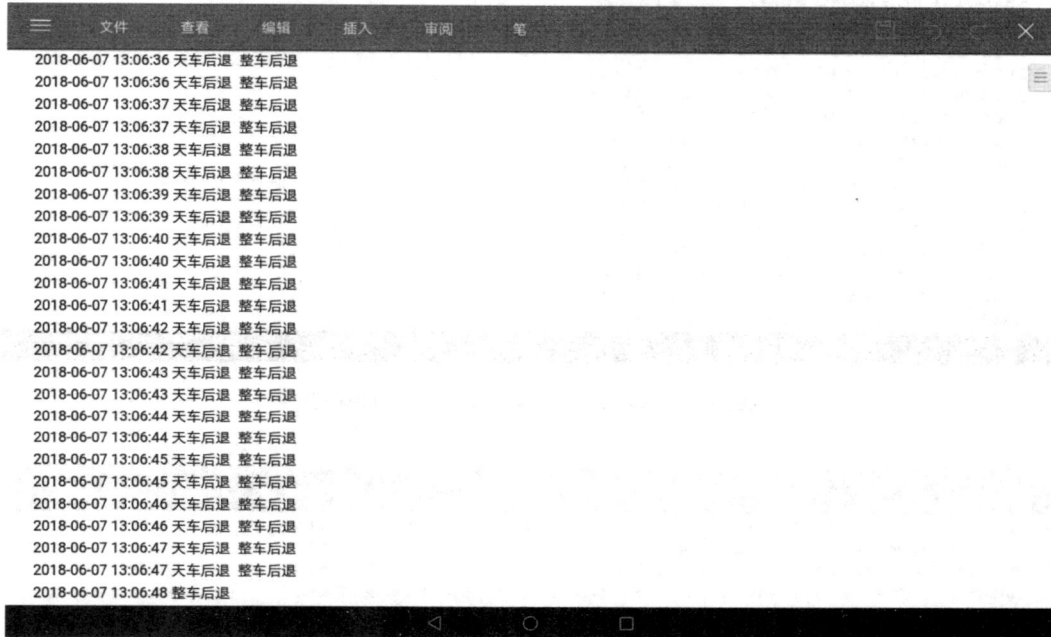

图 5-27 架桥机安全监控管理系统操作记录画面

2. 显示报警画面

系统显示实时报警画面及历史报警画面，记录架桥机运行过程中的各种故障报警和设置报警，包括超载报警、门限位报警、主副钩上限报警、天车行程报警、限位报警等，并且在故障发生时发出声光报警，以及时提醒驾驶员，见图5-28。

3. 记录历史数据

系统历史数据画面记录架桥机实时运行数据，可具体到每一天每一秒的运行数据，可存储30个连续工作日历史数据，管理人员可以在主机上查看，也可以由存储设备导出后查看，见图5-29。

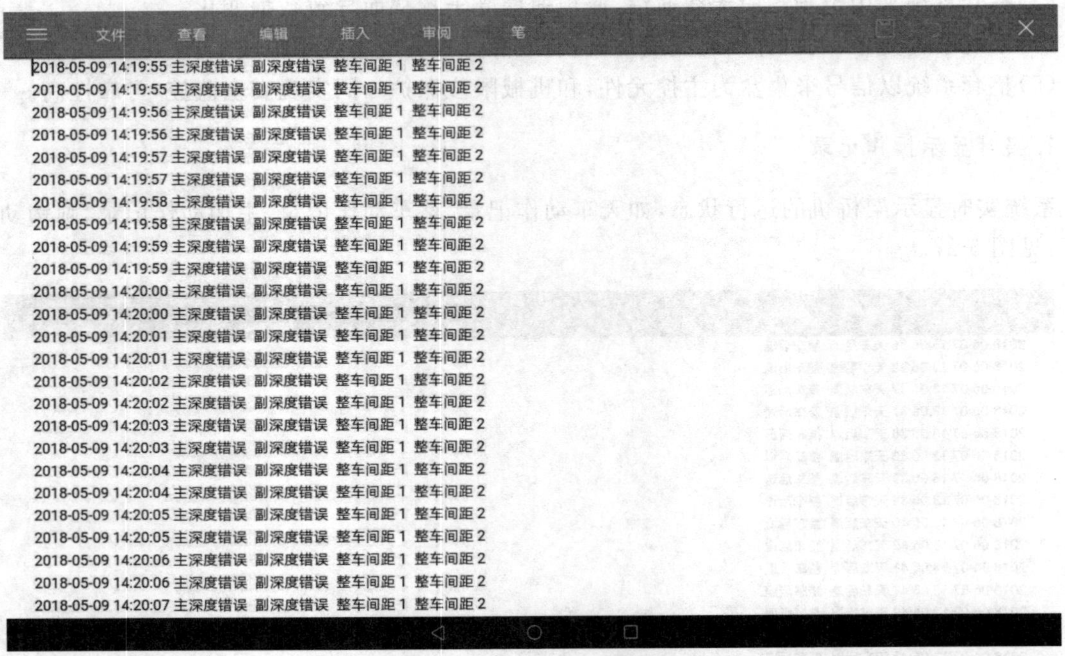

文件 查看 编辑 插入 审阅 笔

2018-05-09 14:19:55 主深度错误 副深度错误 整车间距 1 整车间距 2
2018-05-09 14:19:55 主深度错误 副深度错误 整车间距 1 整车间距 2
2018-05-09 14:19:56 主深度错误 副深度错误 整车间距 1 整车间距 2
2018-05-09 14:19:56 主深度错误 副深度错误 整车间距 1 整车间距 2
2018-05-09 14:19:57 主深度错误 副深度错误 整车间距 1 整车间距 2
2018-05-09 14:19:57 主深度错误 副深度错误 整车间距 1 整车间距 2
2018-05-09 14:19:58 主深度错误 副深度错误 整车间距 1 整车间距 2
2018-05-09 14:19:58 主深度错误 副深度错误 整车间距 1 整车间距 2
2018-05-09 14:19:59 主深度错误 副深度错误 整车间距 1 整车间距 2
2018-05-09 14:19:59 主深度错误 副深度错误 整车间距 1 整车间距 2
2018-05-09 14:20:00 主深度错误 副深度错误 整车间距 1 整车间距 2
2018-05-09 14:20:00 主深度错误 副深度错误 整车间距 1 整车间距 2
2018-05-09 14:20:01 主深度错误 副深度错误 整车间距 1 整车间距 2
2018-05-09 14:20:01 主深度错误 副深度错误 整车间距 1 整车间距 2
2018-05-09 14:20:02 主深度错误 副深度错误 整车间距 1 整车间距 2
2018-05-09 14:20:02 主深度错误 副深度错误 整车间距 1 整车间距 2
2018-05-09 14:20:03 主深度错误 副深度错误 整车间距 1 整车间距 2
2018-05-09 14:20:03 主深度错误 副深度错误 整车间距 1 整车间距 2
2018-05-09 14:20:04 主深度错误 副深度错误 整车间距 1 整车间距 2
2018-05-09 14:20:04 主深度错误 副深度错误 整车间距 1 整车间距 2
2018-05-09 14:20:05 主深度错误 副深度错误 整车间距 1 整车间距 2
2018-05-09 14:20:05 主深度错误 副深度错误 整车间距 1 整车间距 2
2018-05-09 14:20:06 主深度错误 副深度错误 整车间距 1 整车间距 2
2018-05-09 14:20:06 主深度错误 副深度错误 整车间距 1 整车间距 2
2018-05-09 14:20:07 主深度错误 副深度错误 整车间距 1 整车间距 2

图 5-28 架桥机安全监控管理系统报警画面

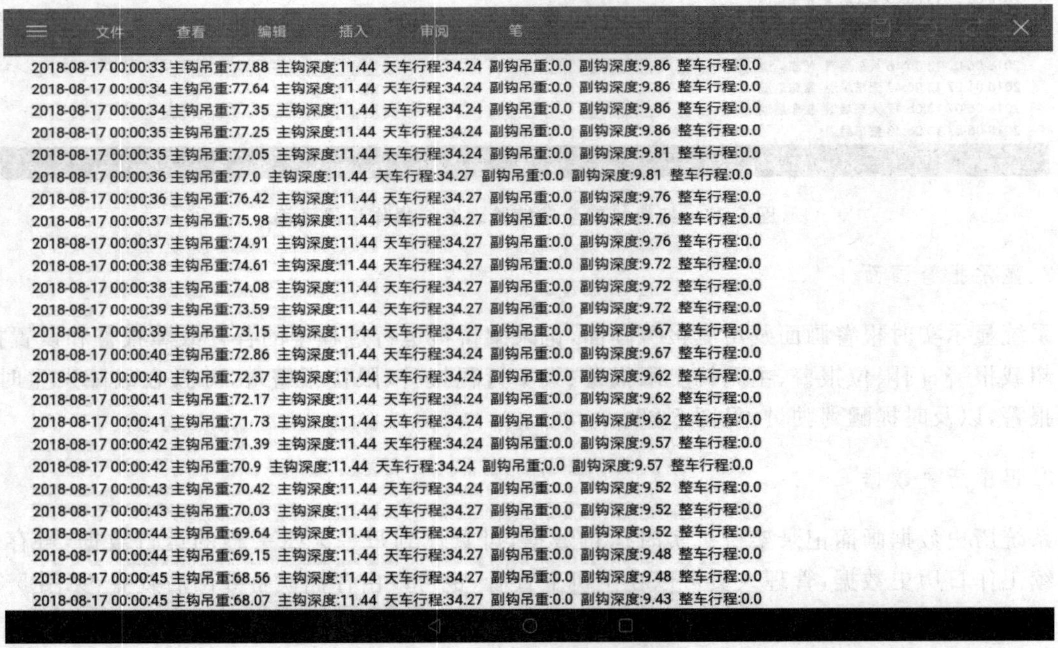

文件 查看 编辑 插入 审阅 笔

2018-08-17 00:00:33 主钩吊重:77.88 主钩深度:11.44 天车行程:34.24 副钩吊重:0.0 副钩深度:9.86 整车行程:0.0
2018-08-17 00:00:34 主钩吊重:77.64 主钩深度:11.44 天车行程:34.24 副钩吊重:0.0 副钩深度:9.86 整车行程:0.0
2018-08-17 00:00:34 主钩吊重:77.35 主钩深度:11.44 天车行程:34.24 副钩吊重:0.0 副钩深度:9.86 整车行程:0.0
2018-08-17 00:00:35 主钩吊重:77.25 主钩深度:11.44 天车行程:34.24 副钩吊重:0.0 副钩深度:9.86 整车行程:0.0
2018-08-17 00:00:35 主钩吊重:77.05 主钩深度:11.44 天车行程:34.24 副钩吊重:0.0 副钩深度:9.81 整车行程:0.0
2018-08-17 00:00:36 主钩吊重:77.0 主钩深度:11.44 天车行程:34.27 副钩吊重:0.0 副钩深度:9.81 整车行程:0.0
2018-08-17 00:00:36 主钩吊重:76.42 主钩深度:11.44 天车行程:34.27 副钩吊重:0.0 副钩深度:9.76 整车行程:0.0
2018-08-17 00:00:37 主钩吊重:75.98 主钩深度:11.44 天车行程:34.27 副钩吊重:0.0 副钩深度:9.76 整车行程:0.0
2018-08-17 00:00:37 主钩吊重:74.91 主钩深度:11.44 天车行程:34.27 副钩吊重:0.0 副钩深度:9.76 整车行程:0.0
2018-08-17 00:00:38 主钩吊重:74.61 主钩深度:11.44 天车行程:34.27 副钩吊重:0.0 副钩深度:9.72 整车行程:0.0
2018-08-17 00:00:38 主钩吊重:74.08 主钩深度:11.44 天车行程:34.27 副钩吊重:0.0 副钩深度:9.72 整车行程:0.0
2018-08-17 00:00:39 主钩吊重:73.59 主钩深度:11.44 天车行程:34.27 副钩吊重:0.0 副钩深度:9.72 整车行程:0.0
2018-08-17 00:00:39 主钩吊重:73.15 主钩深度:11.44 天车行程:34.27 副钩吊重:0.0 副钩深度:9.67 整车行程:0.0
2018-08-17 00:00:40 主钩吊重:72.86 主钩深度:11.44 天车行程:34.24 副钩吊重:0.0 副钩深度:9.67 整车行程:0.0
2018-08-17 00:00:40 主钩吊重:72.37 主钩深度:11.44 天车行程:34.24 副钩吊重:0.0 副钩深度:9.62 整车行程:0.0
2018-08-17 00:00:41 主钩吊重:72.17 主钩深度:11.44 天车行程:34.24 副钩吊重:0.0 副钩深度:9.62 整车行程:0.0
2018-08-17 00:00:41 主钩吊重:71.73 主钩深度:11.44 天车行程:34.24 副钩吊重:0.0 副钩深度:9.62 整车行程:0.0
2018-08-17 00:00:42 主钩吊重:71.39 主钩深度:11.44 天车行程:34.24 副钩吊重:0.0 副钩深度:9.57 整车行程:0.0
2018-08-17 00:00:42 主钩吊重:70.9 主钩深度:11.44 天车行程:34.24 副钩吊重:0.0 副钩深度:9.57 整车行程:0.0
2018-08-17 00:00:43 主钩吊重:70.42 主钩深度:11.44 天车行程:34.24 副钩吊重:0.0 副钩深度:9.52 整车行程:0.0
2018-08-17 00:00:43 主钩吊重:70.03 主钩深度:11.44 天车行程:34.27 副钩吊重:0.0 副钩深度:9.52 整车行程:0.0
2018-08-17 00:00:44 主钩吊重:69.64 主钩深度:11.44 天车行程:34.27 副钩吊重:0.0 副钩深度:9.52 整车行程:0.0
2018-08-17 00:00:44 主钩吊重:69.15 主钩深度:11.44 天车行程:34.27 副钩吊重:0.0 副钩深度:9.48 整车行程:0.0
2018-08-17 00:00:45 主钩吊重:68.56 主钩深度:11.44 天车行程:34.27 副钩吊重:0.0 副钩深度:9.48 整车行程:0.0
2018-08-17 00:00:45 主钩吊重:68.07 主钩深度:11.44 天车行程:34.27 副钩吊重:0.0 副钩深度:9.43 整车行程:0.0

图 5-29 架桥机安全监控管理系统历史数据画面

5.7　智能预警螺母

5.7.1　概述

智能预警螺母是一种具有感应、反馈和控制功能的智能装置,能够对螺栓的状态进行在线监测与诊断,及时启动预警,并通过无线通信将信息传输给物联网管理平台。智能预警螺母见图5-30。

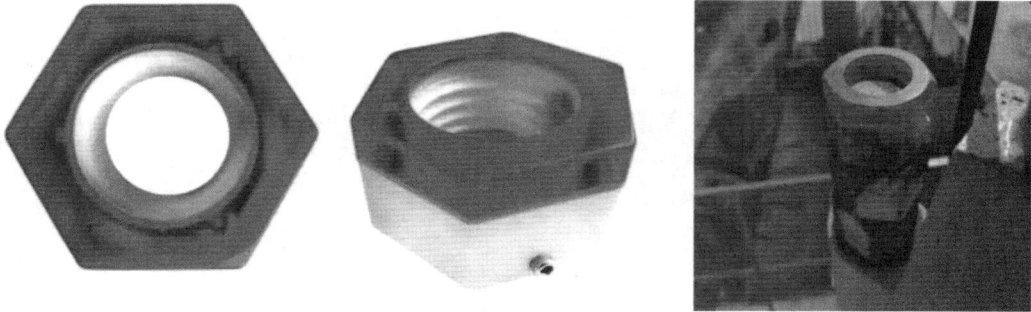

图 5-30　智能预警螺母

智能预警螺母适用于塔吊、桥梁、板房、吊篮、施工电梯、铁路轨道、电网铁塔等存在螺母松动隐患的各类设施设备,见图5-31。

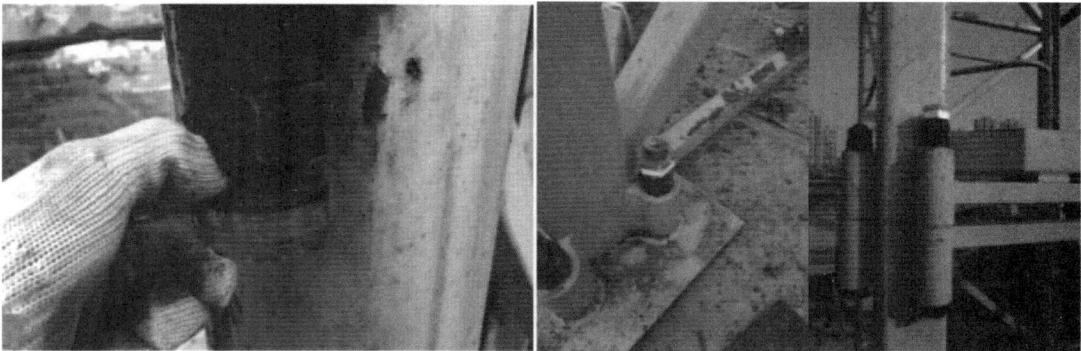

图 5-31　智能预警螺母现场安装效果图

5.7.2　功能特点

(1)智能预警螺母在检测到螺母松动后立即将信号传输到主机,工作人员可直接通过主机查看螺母松动个数,让螺母松动这一隐蔽的风险点可视化,准确把控螺母松动情况。

(2)主机在接收到报警信息后将现场情况同步传输到物联网管理平台,有效杜绝人工操作失误的现象。

(3)当报警持续一段时间后,系统将发送短信到负责人手机上,有效防止所有因螺母松动而导致的风险点。

(4)与普通螺母一样,安装简单。

(5)物联网管理平台让高空作业的维保人员更方便地检查螺母松动情况,管理人员可以实时查看现场情况,无须去现场,避免高空作业的危险。

习题与思考题

5-1　简述智慧工地中设备管理的优势。

5-2　塔吊安全监测为什么要采用可视化管理?

5-3　简述龙门式起重机安全监控管理系统的功能特点。

5-4　简述在工地中使用智能预警螺母的好处。

5-5　市面上有哪些技术在智慧工地上可能会有比较大的应用潜力?

6 环境与能耗管理

【内容提要】

本章主要介绍如何以数字化的方式对施工现场能耗、水耗、施工噪声、施工扬尘等各项绿色施工指标数据进行实时监测、记录、统计、分析、评价、预警,以及进行环境与能耗管理。

【能力要求】

通过本章的学习,学生应了解智慧工地施工现场的环境与能耗监测系统工作原理,系统组成、主要功能特点与现场应用效果。

6.1 环境监测

6.1.1 需求分析

施工现场常伴随有害气体排放,严重影响工人健康及周边环境质量;施工噪声是城市噪声污染的主要来源之一,长期暴露于高噪声环境会影响工人的听力水平;施工过程中产生的扬尘不仅影响空气质量,还可能导致爆炸等安全事故。

因此,需要在关键施工区域部署先进的环境监测系统,以全天候、不间断地实时监控温度、湿度、PM2.5浓度、PM10浓度、噪声水平、气压变化、风速风向以及降水量等关键环境参数。环境监测系统内置了智能预警机制,能与雾炮等处理设施实现智能联动,一旦监测到任何环境因子超出预设的安全阈值,系统将自动触发相应设备启动工作,以迅速应对并改善环境质量。

此外,环境管理要求环境监测系统具备强大的数据分析能力,能够对收集到的历史环境数据进行深度挖掘与统计分析,生成详尽的报表和趋势分析图,以提供科学依据和决策支持。智慧工地环境监测系统能确保施工现场环境的有效监控与及时治理,维护良好的施工生态环境。环境监测系统构成如图 6-1 所示。

6.1.2 系统设计

环境监测系统专注于建筑工地固定监测点的数据采集工作,采集的数据涵盖扬尘浓度、噪声以及气象参数(如温度、湿度、风速、风向)等多维度环境信息。该系统不仅实现了这些监测数据的实时采集、高效存储、精细化加工,还提供了强大的统计分析功能,确保数据的全面性和准确性。

系统将采集到的监测数据及实时视频图像,通过先进的有线或无线通信技术,迅速传输至后端管理平台,实现了数据的即时共享与远程监控。

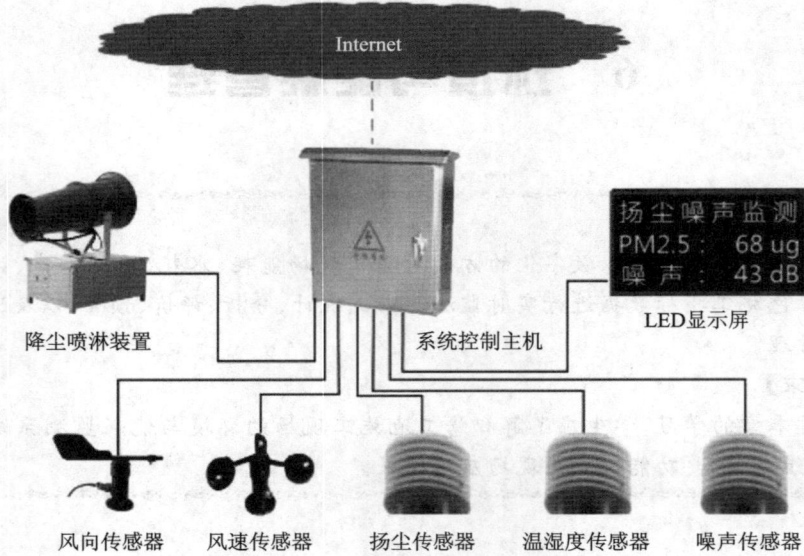

图 6-1　环境监测系统

　　此外,该系统充分满足建筑施工行业环保统计的严格要求,为行业内的污染控制、污染治理及生态保护工作提供了坚实的环境信息支持。通过对数据的深入分析,监管部门和管理人员能够制定更加科学、合理的环保策略与管理决策,推动建筑施工行业的绿色可持续发展。环境监测系统框架设计如图 6-2 所示,扬尘实时监测系统拓扑图、系统设备组成如图 6-3、图 6-4 所示。

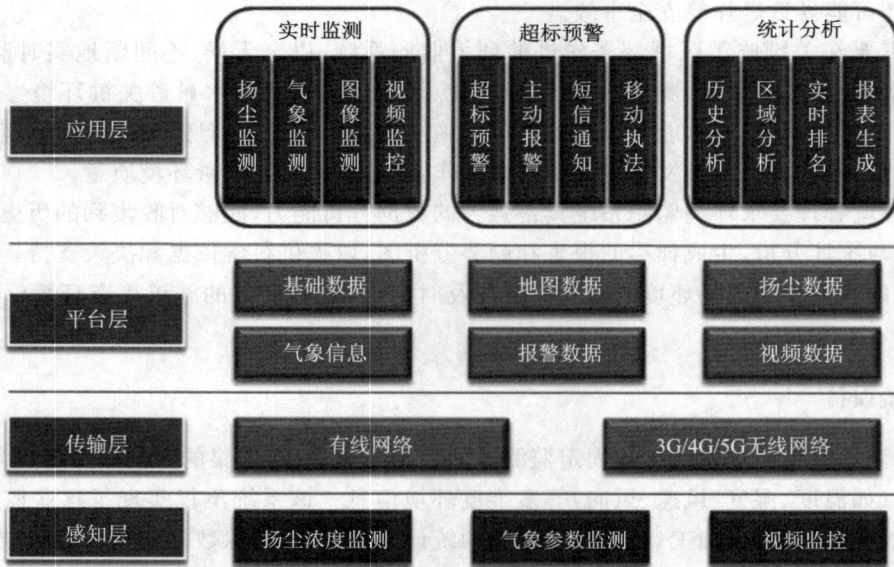

图 6-2　环境监测系统框架设计图

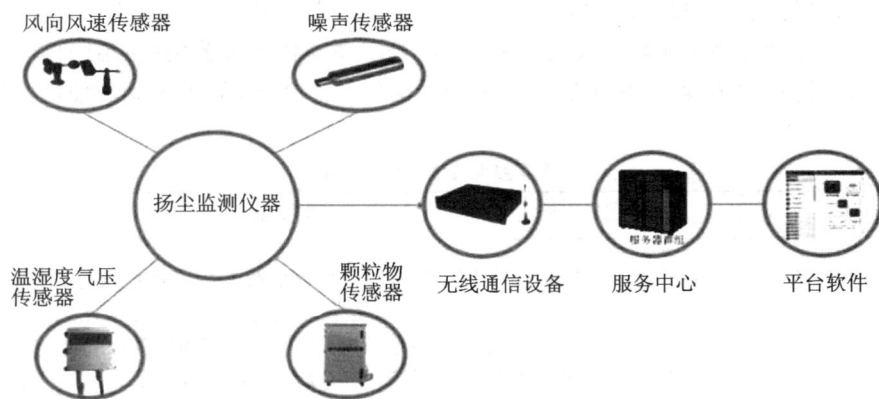

图 6-3 扬尘实时监测系统拓扑图

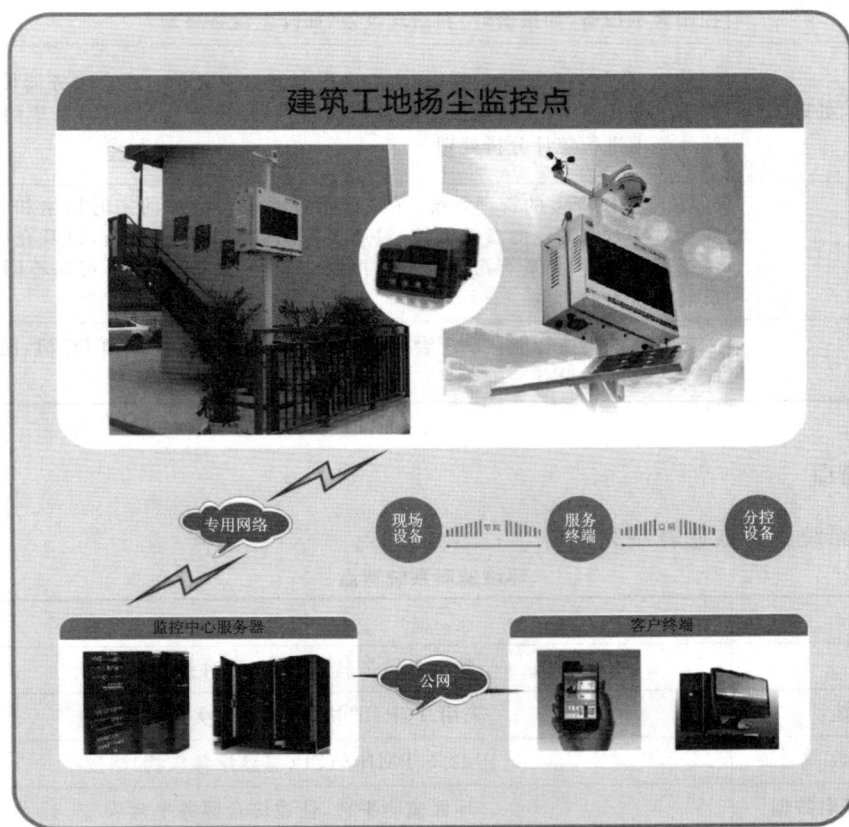

图 6-4 扬尘实时监测系统设备组成

6.1.3 系统组成

环境监测系统是一个高度集成的监测系统,由噪声实时监控系统,扬尘实时监控系统,报警及控制系统,数据采集、传输、处理系统,信息监控平台及客户终端等关键部分组成。该系统融数据采集、信号稳定传输、后台数据智能处理及终端数据直观呈现等多重功能于一体,旨在全面覆盖并精准监测城市环境状况。

系统内嵌高效的数据采集、存储与传输模块，专为扬尘与噪声监测而设计，实现了对监测数据的精确控制、实时记录与高效传输。此外，该系统还兼容并支持通过公网（包括中国移动、中国联通等运营商网络）进行数据传输，确保了数据交流的灵活性与广泛性，提供了更加便捷、可靠的监测服务（表6-1）。

表6-1 环境监测系统功能介绍

系统组成	功能介绍
噪声实时监控系统	提供全天候户外传声器单元，对户外监测的数据准确性提供可靠保障
扬尘实时监控系统	对扬尘进行连续自动监测，每分钟采集一次扬尘数据，实时上传至服务器供后台程序统计和分析，并同时实时上传至多个数据中心和监控平台。扬尘监测包括PM10浓度和PM2.5浓度两个参数
报警及控制系统	噪声和扬尘实时监控系统具有噪声、扬尘超标现场输出功能，用这些超标信号可以控制警示设备（如报警灯）和治理设备（如降尘设备雾炮）
数据采集、传输、处理系统	采集、存储各种监测数据，并按后台服务器指令定时向后台服务器传输监测数据和设备工作状态；对所收取的监测数据进行判别、检查和存储；对采集的监测数据按照统计要求进行统计分析处理
信息监控平台	提供基于Web的管理系统，在线显示各前端污染源的实时扬尘和气象参数数据，实现对实时监测仪的参数调控，对历史监测数据的统计分析，以及在线数据下载、图像查询等功能；并具有污染物超标报警功能、权限管理功能，可向不同层面的管理人员展示所需的信息
客户终端	客户终端支持智能移动平台（如智能手机、平板电脑）、桌面PC机、网络电视等各种能接入公网的设备

6.1.4 系统特点

环境监测系统的特点见表6-2。

表6-2 环境监测系统特点

项目	特点
架构	基于B/S架构，适应于多种操作系统
兼容性能	采用TCP/IP协议，具有完美兼容性能
测量参数	PM2.5/PM10/TSP（总悬浮颗粒物）浓度
第三方平台提取数据	环保监测平台、住建综合服务平台等
气象参数	温度、湿度、风速、风向、大气压
环境监控	$AQI(CO、NO_2、SO_2、SO_3、TVOC)$
治理设备接入	喷淋、雾炮
现场实时查看	支持高亮LED屏接入，现场实时查看噪声、PM2.5浓度、PM10浓度、气象参数等数据
现场操作	当现场PM10、PM2.5等颗粒物浓度超标后，管理人员可通过手动定时方式进行现场的喷淋作业，提高工地的施工环境质量

6.1.5 应用效果

(1)实时监测:智慧工地环境监测系统能够对工地环境中的扬尘浓度、噪声水平以及气象参数(如温度、湿度、风速等)进行实时监测,并借助有线或无线通信技术(如 4G/5G 等)将监测数据实时传输至后端管理平台。这一功能极大地助力了监督部门对建筑工地环境质量状况的即时把握,以及对工程施工过程环境影响的精准评估。

(2)数据记录、分析与远程控制:该系统不仅高效采集、存储并处理监测数据与视频图像,还具备强大的数据分析与统计能力。通过远程控制技术,系统允许用户根据需要对设备的工作状态、运行参数进行灵活调整,包括配置运行参数的修改。系统内置的报警机制能在监测数据异常时即时触发,确保问题得到迅速响应。此外,系统详细记录所有操作日志,便于后续查询与审计,同时,支持在线数据下载、实时监测仪参数远程调控及历史数据深度统计分析等功能,为环境管理提供了全面支持。

(3)提升效率与环保效益:智慧工地环境监测系统的应用,实现了对工地环境 24 小时不间断的自动化监控,显著提高了环保治理与管理效率。通过及时捕捉并解决环境污染问题,该系统有效减少了施工活动对大气环境及周边居民生活环境的负面影响,促进了生态环境的持续改善。此外,从长远来看,这种环境友好型的监管方式还有助于减少因环境污染而可能产生的额外补偿费用,为社会和企业带来双重效益。

(4)响应国家号召:近年来我国反复强调环境友好型社会的建设,使用环境监测系统是响应国家的号召,降低工地环境污染,为施工节省开支的有效举措。

总的来说,智慧工地环境监测系统对于提高工地环境质量、改善大气环境、减少环境污染具有非常现实和重大的意义。

6.2 能 耗 管 理

6.2.1 需求分析

为实现"节能"与"节水"的双重目标,推动城乡建设向绿色发展转型,《建筑与市政工程绿色施工评价标准》(GB/T 50640—2023)、《建设工程文明施工标准》等国家和地方标准明确指出,需在施工现场对生产生活用电等关键资源能耗实施严格的分项计量管理策略。同时,强调了施工、生活及办公用水也应采取分项计量的方式,以精准控制资源消耗。

在此背景下,能耗实时监测系统作为一种关键技术手段,正日益受到建筑行业的广泛关注与青睐。该系统具备水电能耗数据的实时采集、监测与统计分析功能,是实现能耗"分项计量"管理目标的重要支撑。比如,通过在现场的水、电接入端口处安装智能水表与电表,系统能够自动收集并传输这些关键资源的使用数据至智慧工地管理平台。

在智慧工地管理平台上,管理人员可实时查看并分析各类能耗数据,同时可灵活设置能源使用的预警阈值。一旦现场的水、电、气等能源的使用数据触及预警线,系统将立即触发预警机制,并向管理人员发送警报信息。接到预警后,责任人将迅速响应,对能源消耗异常情况进行排查,深入分析异常原因,并据此采取有效措施加以改进,从而显著提升能源使用效率,实现智慧工地能耗管理的精细化与高效化。

6.2.2　系统组成

系统以能耗管理主机为核心，辅以数据采集器、多功能电表及远传水表等关键组件。通过RS485现场总线技术构建高效稳定的本地通信网络，确保数据采集的准确性与实时性。系统利用TCP/IP网络将能耗数据高效传输至能耗管理主机，进行详尽的统计分析与直观展示，为管理人员提供全面、准确的能源使用信息。此外，系统还预留了与上级数据中心对接的接口，便于数据共享与集成，进一步推动工地能耗管理的智能化、自动化进程。能耗实时监测系统组成如图6-5所示。

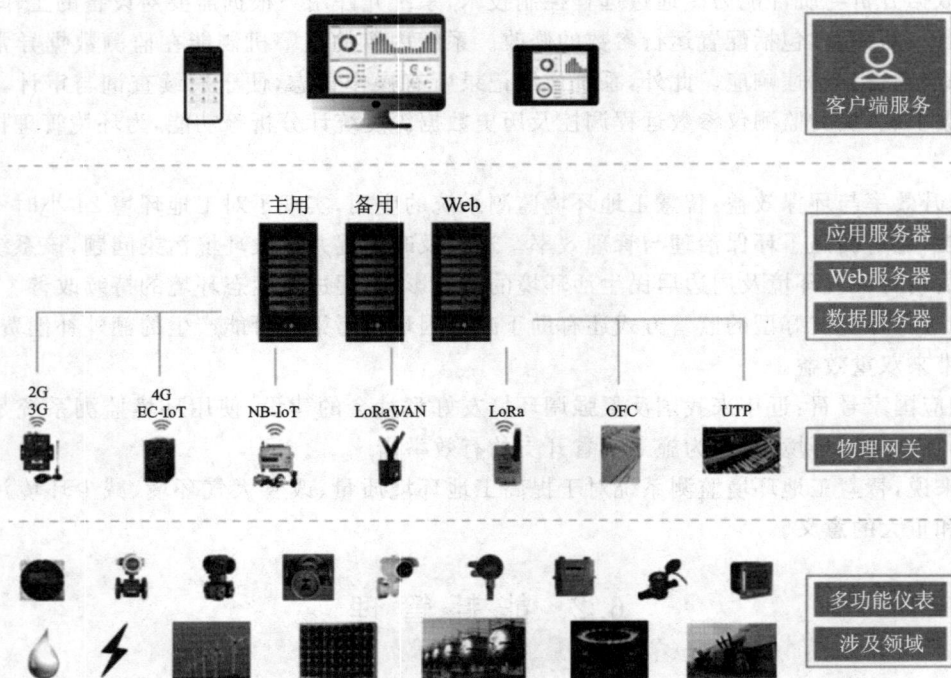

图6-5　能耗实时监测系统组成

6.2.3　功能特点

能耗实时监测系统专为建筑工地设计，集成了对水、电、气等能源的数据采集、深入分析与智能优化策略输出功能。该系统能够实现对各低压出线端电表的远程总用电量监测，以及供水管道的远程流量计量等。采集到的数据通过先进的设备网络直接上传至云端平台，进行即时分析处理，进而实现工地能源使用的精准定额管理。这一管理模式将节能定额指标明确纳入合同条款，便于对能源使用情况进行量化考核与评估。

下面主要介绍智能用水监测系统和智能用电安全监测系统的功能特点。

智能用水监测系统依托先进的智能水表（图6-6）技术，具备自动化抄表与实时监测功能。该系统能够定量分析，预算定额水资源，精准识别异常用水情况，并即时发送自动预警信息，同时支持历史数据的全面统计与分析，为管理者提供精确的水资源消耗统计。

智能用电安全监测系统则通过在工地的关键区域部署传感器与监测设备，实现对电压、电流、温度等关键电气参数的实时采集。这些数据随后被安全、高效地传输至云端服务器进行深度分析与即时处理。系统一旦侦测到任何异常数据或潜在的安全隐患，如过载、短路、漏电等，将立即激活预警机制,以声光报警、短信推送、App 通知等多种高效手段迅速通知管理人员,确保他们能在第一时间采取措施进行干预与处理,从而保障工地用电安全,预防事故的发生。智能电表(图 6-7)可以采集用电量、电流量和工作电压。

(1)用电量采集:采集当场用电量,将数据发送到服务平台端,在平台上分析每个时间段用电量、总用电量等相关信息;

(2)电流量、工作电压采集:采集配电柜的电流量、工作电压标值,依据数值计算方法确认是否存在电流、电压过载等问题。

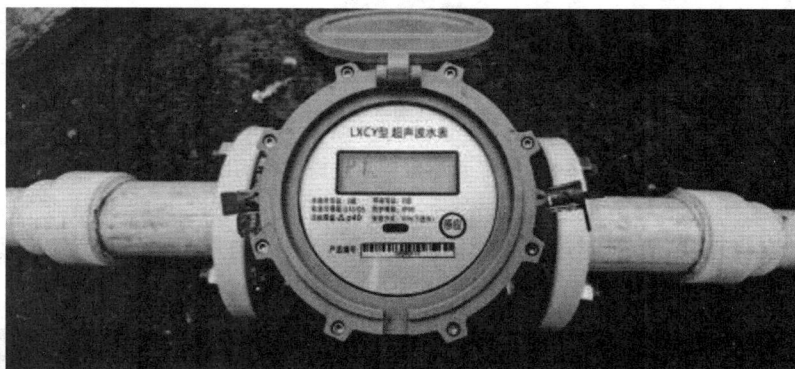

图 6-6　智能水表

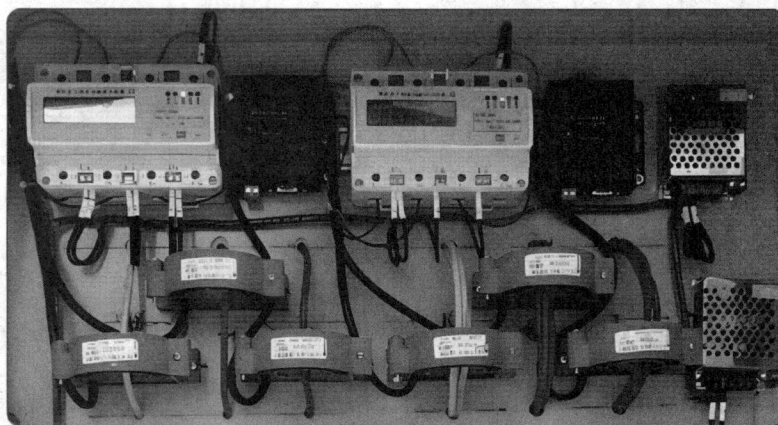

图 6-7　智能电表

智能水电监测系统原理结构图如图 6-8 所示。

6.2.4　应用效果

无线能耗监测与节能控制技术是一项能耗管理创新解决方案,实现了低能耗、高效率的能源管理模式,将能耗管理全面数据化。该技术的能耗数据分析功能强大,涵盖能耗总量趋势分析、历史能耗回顾、能耗排名对比及能耗指标评估等多个维度,通过细致的数据对比与分析,精准识别水电能源的主要消耗时段与区域,进行故障预警与报警,为节能减排提供了有力支持。智慧工地能耗监测 BI 看板如图 6-9 所示。

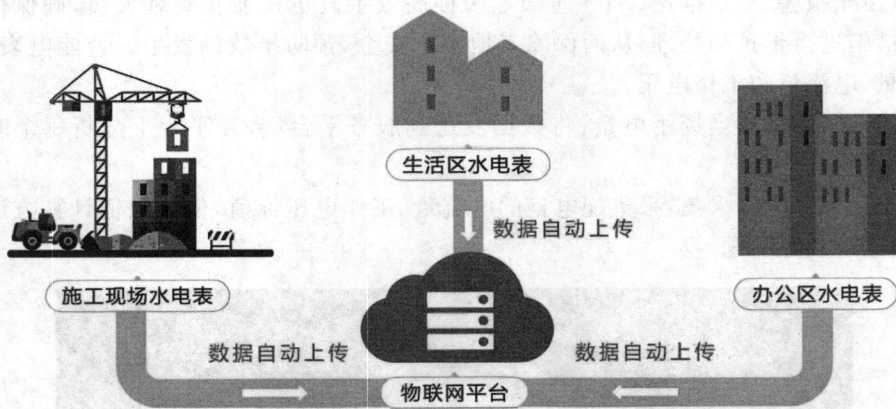

图 6-8　智能水电监测系统原理结构图

　　有效实施无线能耗监测与节能控制技术后,施工现场的终端设备能够精准控制水、电等的用量,有效遏制资源浪费现象,并限制过流、过压等不安全或低效的用电行为,确保资源使用的合理性与安全性,该技术为工地的绿色施工与可持续发展奠定了坚实基础。

图 6-9　能耗监测 BI 看板

　　其中,智能水电监测系统不仅帮助管理人员精确掌握电能源的消耗情况,全面了解项目的用水用电状态,还推动了能源使用的精细化管理,智能水电监测系统是现代工地不可或缺的高效管理工具。

6.3　污 水 监 测

6.3.1　需求分析

　　随着城市化进程的加速和建筑行业的发展,建筑施工过程中产生的污水问题日益凸显,对环境造成了不容忽视的影响。为确保建筑施工活动符合环保标准,实现可持续发展,建筑行业污水监测成为一项至关重要的工作。

建筑行业污水成分复杂,主要来自施工过程中产生的污水和生活污水等,包含悬浮物、油类、重金属、有毒有害化学物质等多种污染物。因此,明确监测项目是建筑行业污水监测的关键,监管部门需根据污水特性、项目规模及环保要求,科学设定监测指标,包括但不限于 pH 值、COD(化学需氧量)、BOD(生物需氧量)、氨氮、总磷、总氮及特定有毒有害物质等。采用先进的监测技术是提升污水监测效率和准确性的重要手段。当前,自动化在线监测系统、远程监控技术、智能数据分析平台等已广泛应用于污水监测领域。

6.3.2　系统设计

智慧工地污水监测系统根据工程特点通过集成多种工业级、高精度传感器,实时采集建筑工地沉降池浑浊度、pH 值等水质情况,并传输到智慧工地管理系统,污水监测系统根据工程特点及区域要求设置污水警告阈值,实现对建筑工地污水远程管控。污水监测系统如图 6-10 所示。

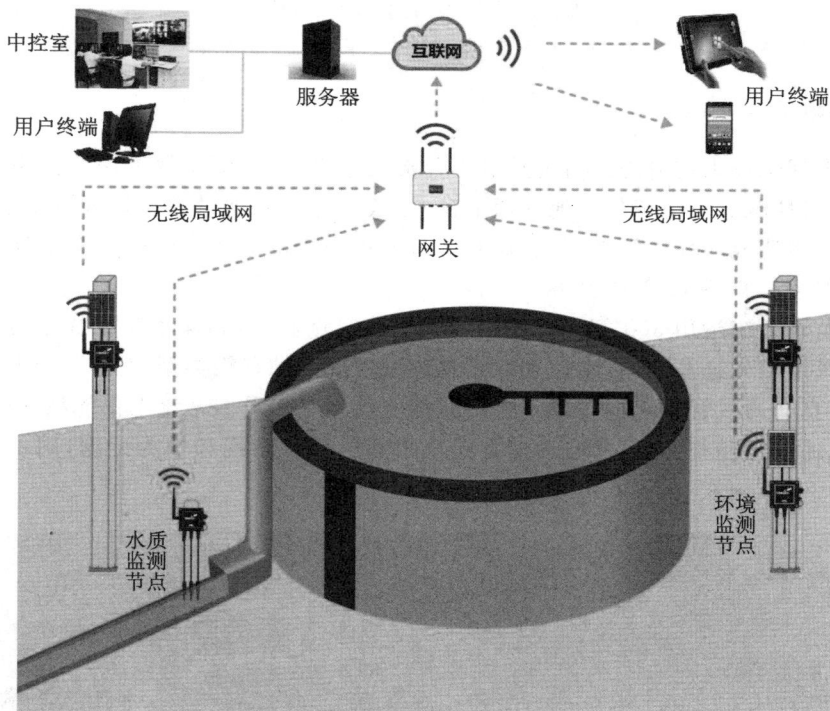

图 6-10　污水监测系统

6.3.3　功能特点

智慧工地污水监测系统利用物联网、大数据、云计算等先进技术,对工地污水进行实时监测、分析和处理。它主要包括以下几个方面的功能。

(1)实时监测:通过安装在工地现场的污水监测设备,实时采集污水数据,如 pH 值、氨氮、总磷、总氮、总铜等。这些数据能够反映污水排放的实时状况,以便管理人员及时发现污水排放问题。

(2)数据分析:将采集到的污水数据传输至智慧工地管理系统,通过大数据分析技术,对污水数据进行预处理、分析和可视化展示。这有助于发现污水排放规律,为污水治理提供科学依据。

（3）预警与控制：通过智慧工地污水监测系统，可以实时监测污水排放情况，当污水排放超出预设标准时，系统会自动发出警报，提醒相关责任人采取措施进行处理，如生物处理、化学处理等，降低污水对环境的影响。

（4）确保符合环保法规：智慧工地污水监测系统可以自动记录污水排放数据，这有助于确保工地排放的污水符合国家或地方规定的有关排放标准，降低污水对环境的影响。

6.3.4 应用效果

智慧工地污水监测系统的使用，不仅可以有效提高工地污水的排放管理水平，降低污水对环境的影响，还能为建筑工地提供环保、节能、高效的服务。此外，智慧工地污水监测系统还可以为相关机构提供决策依据，为制定污水治理政策提供科学依据。

总而言之，智慧工地污水监测系统有助于控制污水排放，保护环境，提高工地环保管理水平。

6.4　车辆冲洗监测

6.4.1 需求分析

当工地内出现未按规定清洗或清洗质量不合格的车辆时，需要车辆冲洗监测系统启动抓拍与录像功能，迅速将情况上报至智慧工地管理平台，有效遏制车辆携带泥沙进入城市道路的现象，从而减轻因车辆不洁造成的环境污染问题，提升城市环境保护的效率与效果。车辆冲洗平台和未冲洗抓拍示意图如图 6-11 和图 6-12 所示。

车辆冲洗监测系统运用 360°智能监控摄像头进行定点监测，确保车辆冲洗专用区域无死角覆盖。该智能系统运用先进算法，自动识别并记录冲洗区域内的车辆类型、车牌号码及车辆行为等关键信息，这些信息会通过智慧工地管理平台即时传输给相关人员。系统不仅能精准识别车牌号、车牌颜色，还能迅速判定违规类型，并自动捕捉违规瞬间的照片或视频作为证据，同步上传至智慧工地管理平台。

图 6-11　车辆冲洗平台

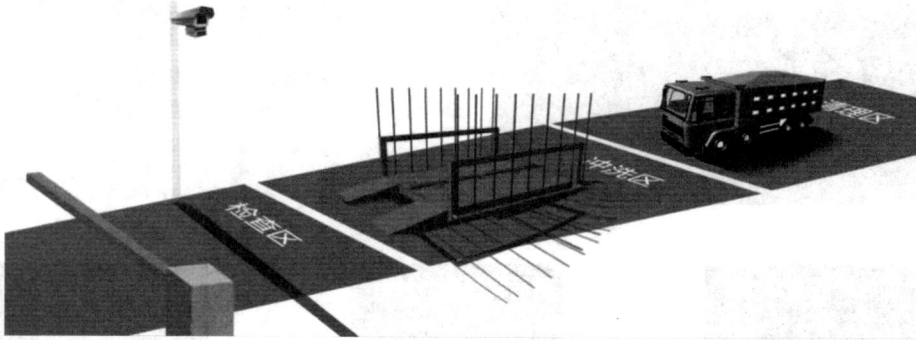

图 6-12 未冲洗抓拍示意图

6.4.2 系统组成

系统的组成如图 6-13 所示。

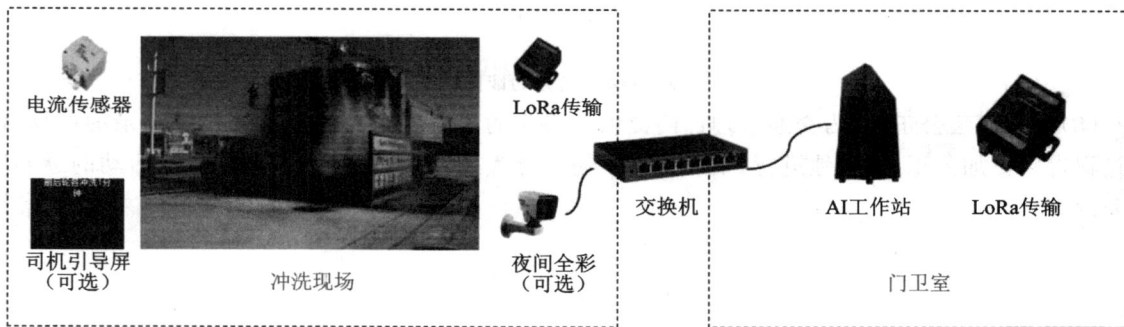

图 6-13 系统组成图

6.4.3 功能特点

车辆冲洗监测系统采用 AI 技术,达到了硬件最少化的效果;可实现净车离场状态全维度分析;在原有硬件下,支持车辆密闭运输识别。具体功能如图 6-14 所示。

6.4.4 应用效果

(1)增强道路安全性:安装车辆冲洗与抓拍装置能显著减轻路面污染及积水,进而降低因路况不佳导致的交通事故风险。借助实时监察与抓拍技术,违规行为能迅速被识别并纠正,有效预防因路面湿滑造成的意外碰撞。

(2)优化通行条件:在改善交通环境方面也发挥了积极作用,提升道路整体通行流畅度。特别是在恶劣天气如雨雪天时,能减少路面污迹和积水现象,有效缓解因路面条件恶劣而引发的交通拥堵。

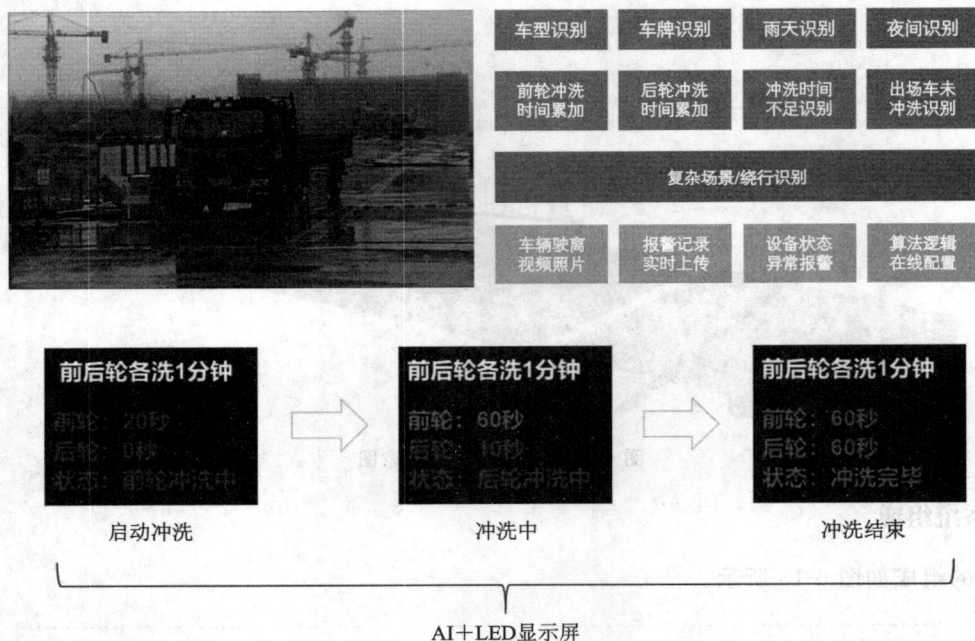

图 6-14　具体功能图

（3）强化执法公正性：为交通管理部门提供了坚实的执法支持。基于系统精确记录的证据，执法过程得以更加公正、清晰地进行，不仅提高了违规行为的查处效率，也增强了执法活动的透明度与公信力。

6.5　自动喷淋

6.5.1　需求分析

当前，智慧工地致力于建设全面覆盖施工现场的视频监控，并深入推广扬尘监测与自动喷淋控制系统的无缝联动。一旦扬尘浓度超越安全阈值，喷淋装置即自动响应，确保施工人员健康与周边环境免受污染。

扬尘监控与自动喷淋联动的实施，将是对工地扬尘污染的有力遏制，可构筑一个清洁、宜人的作业环境。借助科技的力量，我们不仅能守护工人的身心健康，还积极推动了建筑行业绿色、可持续的发展。

6.5.2　系统组成

工地自动喷淋控制系统主要由喷淋装置、管路系统、液晶屏、控制器等部分组成。其中，喷淋装置包括水泵、高压管、喷嘴等，用于将高压水通过喷嘴雾化并喷出。管路系统用于将水从水源输送到喷嘴处，通常采用PVC管路或皮带传动来完成输送。液晶屏和控制器用于监测和控制喷淋系统的工作状态。整个系统的工作原理如下。

①水泵输送水，其中液压系统可使输送压力达到高压状态。

②高压水通过喷嘴雾化成一定粒径的水珠。

③水雾在风力作用下漂浮到空中,与空气中的尘埃颗粒结合。

④水雾与尘埃结合形成较大的颗粒,最终落到地面,实现抑制扬尘的目的。

通过一套主机配合一个电磁阀,将喷淋控制联动在统一的智慧工地微信小程序和 PC 端(图 6-15、图 6-16),使管理人员能够随时随地根据项目现场情况打开喷淋系统。

图 6-15　微信小程序喷淋联动

图 6-16　PC 端喷淋联动

6.5.3　功能特点

(1)能效优化:自动喷淋控制系统集成了尖端的传感科技与智能调控策略,实时响应环境变化,实现精准调节,进而显著提升喷淋效率。此外,系统能智能判断施工状态,自主调控喷淋器的运作,有效遏制能源的非必要消耗。

(2)生态和谐:在设计之初,该系统便融入了环保理念,通过精准控制策略显著减少水资源及喷雾介质的浪费,从而降低对生态环境的干扰,展现环境友好特性。

(3)安全稳固:系统全面配置了多重安全防护机制,涵盖过载预防、漏电监测、短路保护等关键环节,构建起坚固的安全防线,确保作业全程的安全稳定。

（4）便捷操作：得益于其直观易懂的界面设计与人性化的操作逻辑，该系统极大简化了工地管理人员的操作流程，让相关工作人员能更加迅速掌握技术，进而推动施工效率的稳步提升。

6.5.4　应用效果

应用效果

　　自动喷淋控制系统广泛应用于各类工地施工现场，如建筑工地、道路施工、桥梁施工等。它能够有效控制施工现场的尘埃、污染物等，保障施工人员的健康和安全。

此外，该系统还可应用于农业领域，用于农作物的喷灌，提高农作物产量和质量。自动喷淋控制系统作为一项具有巨大市场潜力的先进设备，其发展前景十分广阔。随着城市建设的加速推进和社会各界对环境污染的日益重视，该系统在建筑工程等领域的需求将持续增长。

在技术方面，未来的发展将更加注重系统的智能化和自动化程度，提高喷淋装置的精确度和性能，以便能拓展应用领域。

习题与思考题

6-1　智慧工地的环境与能耗管理包括哪些方面？

6-2　在智慧工地环境监测领域主要用到了建筑业的哪些新技术？

6-3　环境与能耗管理的建设意义有哪些？

7 进度管理

【内容提要】

    本章主要内容包括智慧工地云平台施工进度对比分析、AI 作业面识别。

【能力要求】

    通过本章的学习,学生掌握智慧工地云平台施工进度对比分析,主要包括编制进度计划、实施施工模拟作业、进度跟踪、进度偏差分析、进度优化调整;熟悉 AI 作业面识别内容。

    在建设项目的管理过程中,进度管理是关键环节之一。建设项目的施工进度控制是一个不断变化的动态过程,主要包括编制计划、监控计划执行情况、分析偏差、优化改进与调整等内容。在工程进度管理中,要充分考虑每一施工环节所包含的有关信息,从而判断是否存在问题。随着各类工程建设项目在规模与管理方式上的改变,传统项目施工进度管理方法的弊端越来越明显。

    智慧工地进度管理是一种新型的工程建设管理模式,它利用现代信息技术,将计算机系统、传感器、无线通信、网络技术等综合起来,为工程建设提供全面的支持。智慧工地进度管理采用的技术可以实时监控工程进度,可以使工程建设过程更加精细、更加可控,有效提高了工程建设的效率。

    智慧工地进度管理基于大数据技术,能够有效收集、整理、分析各种工程建设数据,对工程进度进行实时监控,及时发现问题,制订更加有效的解决方案,有效解决工程建设中的问题。此外,智慧工地进度管理还可以实现对施工人员的实时定位,实时发现安全隐患,有效预防安全事故,提高施工效率,提升施工现场的安全管理水平。智慧工地进度管理还可以实现对施工质量的实时监控,实时识别质量异常情况,有效控制施工质量,如此一来,可以有效减少质量事故的发生,保证施工质量。进度管理展示 BI 看板见图 7-1。

图 7-1　进度管理展示 BI 看板

7.1 施工进度对比分析

7.1.1 编制进度计划

在进度计划编制过程中，首先应充分了解项目概况，然后根据项目的要求，制作项目日历，包括工作日（工作时间）、休息日，并对工作任务进行分解（通过 WBS），再对分解后的每一项任务进行计划编排，将复杂问题简单化，确定每个工作任务的工序安排和持续时间，最后完成进度计划的制订工作。有效的进度计划能够辅助管理人员高效地利用资源，在确保工程质量、降低投资成本的同时，提前完成工程任务。

进度计划编制需要遵从以下几条原则：

(1)事先对项目概况、施工图纸、机械和设备等信息进行全面细致的了解。

(2)对施工工序和持续时间做合理安排，保证在现有的人员、材料和资金等条件下，按规定日期完工。

(3)先进行全场性的施工进度安排，再逐个对单位工程进行进度安排。

(4)既要考虑施工组织的空间顺序，又要考虑施工工艺等因素对施工进度的影响，使编制的进度计划更合理。

7.1.2 实施施工模拟作业

利用 BIM 技术进行施工进度模拟，主要对全生命周期中的施工进度和施工任务进行多次模拟，并在此基础上利用 BIM 技术可视化的特性，使得项目参建各方都能参与到施工方案的研究中，以减少工期滞后和安全隐患问题，提高整体的进度管理水平和质量。同时利用 BIM5D 软件可实现计划进度与实际进度的对比分析，因此除了在设计阶段对施工进度进行规划，还可在施工阶段对真实的施工进度问题进行解决，大幅提升了项目进度管理的水平。

7.1.3 进度跟踪

要想利用 BIM 技术进行进度追踪，首先要进行进度信息的采集工作。这里的信息采集工作与以往的 2D 信息采集工作有所不同，现场工作人员可以使用拍照片或录像等手段记录现场作业的 3D 影像资料并反馈到 4D 的信息管理平台。管理人员和设计人员可根据此资料在 4D 模型中找出与现场情况对应的模型部位，如果出现偏差，BIM 技术能及时地进行追踪并提示设计人员和管理人员对模型进行优化与修改，再根据修改信息自动生成新的进度信息，最后将优化后的进度信息模型通过 4D 平台反馈给现场工作人员进行现场施工指导。

7.1.4 进度偏差分析

利用 BIM 技术进行工程进度跟踪的过程中，一些因素常常会造成工程进度的偏差，包括对资源的配置和管理方式的不同等。此时管理人员就需要借助 BIM 技术进行进度偏差原因的分析。在进度管理的过程中，BIM 技术通过比较和分析项目的实际进度与项目预期进度的差异，找出导致进度偏差的主要因素，从而为后续的改进工作提供依据。

7.1.5　进度优化调整

项目管理人员利用项目施工过程中各专业的信息交互,分析建设项目某板块的进度偏差原因,如果该问题很难得到及时处理,就必须对工程的进度计划进行优化和调整,以确保工程项目按期完成。在对进度计划进行调整的同时,也需要对 BIM 模型中的相关数据信息进行相应的修改,保证修改后的模型与数据的对应,最后得出优化后的进度计划,并将其与 BIM 模型相连接,从而达到进度调整的目的。

大致思路是:对该项任务进行施工过程模拟,对模拟出来的结果进行分析,判断其不满足要求的原因,然后在模型中调整参数或者修改施工方案,重新定义构件的施工顺序和持续时间,对修改后的模型再次进行模拟分析,反复操作,直至满足工期要求,但要同时兼顾成本、质量等因素,找到最优解决方案,并形成最优进度计划。

7.2　AI 作业面识别

在当前工地建设项目中,建造进度的管理大多依赖人员手动跟进和汇报,尤其在工地建筑楼层,作业面的建设进度管理上出现较多问题,如不能及时监管作业进度、上报数据作假,则会造成有安全隐患、交付不及时、资金损失等问题。

针对上述背景,AI 作业面识别算法能够有效地提高工地中建筑施工进度监管效率,避免人员错报漏报数据的问题。具体实现方式为将已配置算法的 4G 摄像头安装在塔吊下,摄像头将定时拍照取流,在平台中对作业面建设进度进行比对,并将结果上报给相关人员(图 7-2)。

图 7-2　AI 作业面识别

（1）识别环境要求：无特殊要求。

（2）识别区域：施工楼层。

（3）识别内容：工地作业面施工进度检测。

（4）识别精确率：99%以上。

（5）算法实现：第一阶段，在进行平台作业面检测后执行分类任务，将整个作业面楼层施工分为铺模、搭筋、走线、地面水泥浇筑以及立柱水泥浇筑5种工艺，通过分类检测判断整个施工工艺进程，每种工艺占比20%；第二阶段，通过分割检测对分类检测出的5种工艺分别进行检测，识别出当前该工艺的施工进度。结合两个阶段的检测给出具体施工进度。

随着AI技术的不断进步和普及，AI作业面识别算法在建筑施工领域的应用将更加广泛，不仅能大幅提升施工安全管理水平，实时发现隐患，确保人员安全，还能提升工程建设质量和效率，为建筑行业的数字化发展做出贡献。

习题与思考题

7-1 与传统管理方式相比，智慧工地云平台在施工进度管理上有哪些优势？

7-2 智慧工地如何解决建筑工地进度管理问题？

7-3 建设工地项目一般周期较长，智慧工地云平台如何在掌控施工进度的前提下，确保工程质量达标？

8 质量管理

【内容提要】

　　本章主要内容包括质量巡检的原理和技术特点,强夯施工质量监测、大体积混凝土监测、智能标养室、智能实测实量的系统简介、设备组成和功能特点。重点介绍了桩基监测、大体积混凝土监测、智能标养室、智能实测实量的系统简介、设备组成和功能特点。

【能力要求】

　　通过本章的学习,学生应掌握强夯施工质量监测、大体积混凝土监测、智能标养室、智能实测实量的系统简介、设备组成和功能特点,熟悉质量巡检的原理和技术特点。

8.1 质量巡检

8.1.1 概述

　　质量巡检流程见图 8-1。巡检人员现场拍摄问题或者隐患照片后,可以将其上传至软件平台,生成整改通知单,下发至相应的负责人;相应的负责人接到整改单后,需要去现场进行确认;在整改完成后,整改人员现场进行拍照回复并且经相应负责人确认;在确认后,系统自动完成质量资料的闭合并进行归档。若在整改单要求时间内未完成整改,系统将会自动提示管理人员,并对相关责任人进行提醒。

图 8-1　质量巡检流程图

质量巡检看板如图 8-2 所示,包括问题播报、整改情况分析、隐患等级分析、责任单位分析、区域分布分析和类型统计分析等模块。

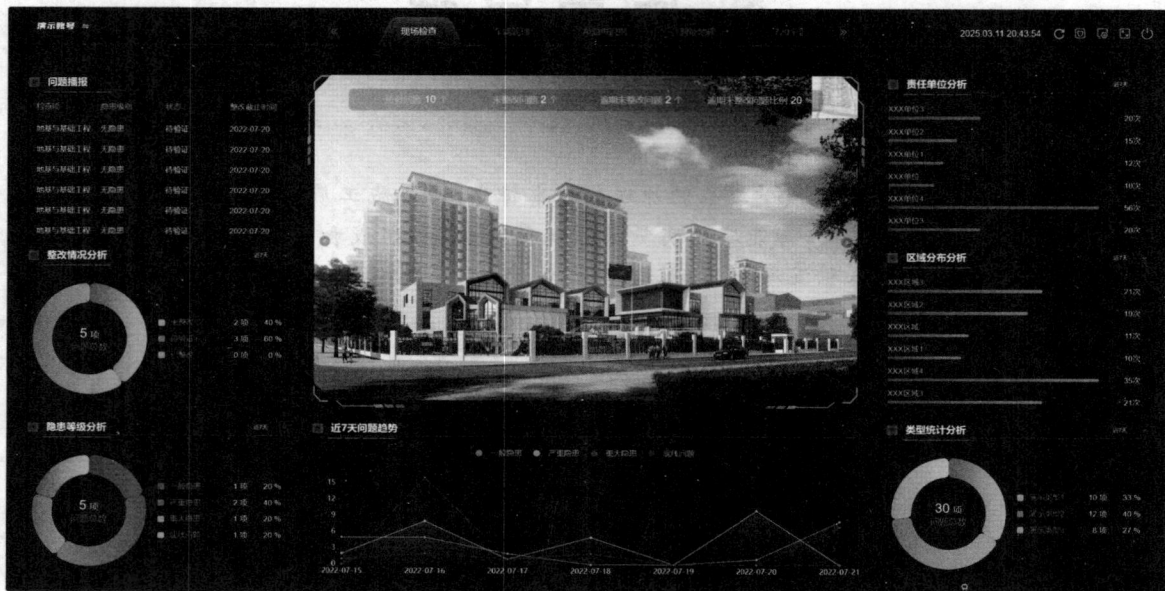

图 8-2　质量巡检看板

8.1.2　功能特点

(1)支持手机端和 PC 端,管理人员可按照操作习惯自行选择。

(2)已开发质量巡检微信小程序,符合主流使用习惯。通过质量巡检微信小程序,可以提高质量整改的实时性、高效性;问题自动分类存档,避免了人工整理资料可能出现的纰漏。

8.2　强夯施工质量监测

8.2.1　系统简介

强夯施工管理过程中,现场点多面广且工序衔接紧密,导致现场质量管控不及时、不全面,难以做到施工质量的精细化管控。

强夯施工质量监测系统采用北斗卫星定位、IoT、云计算、大数据、5G 等技术,对机械进行智慧化改造,实时采集强夯施工数据并传输至云平台。管理人员可随时随地通过手机、电脑等终端实时远程查看现场施工情况。当施工数据超出设计要求范围时,采用主动预警的方式告知管理人员及时纠偏。施工数据实时记录并储存在云端,历史数据可溯源查询并可导出为表格文件。

8.2.2 设备组成

1.硬件设备

如图 8-3 所示,数控中心为整个系统硬件核心,具备边缘计算和边缘存储的功能。它将传感器采集到的数据进行初步处理和清洗,再将数据上传至云端服务器进行模型分析和存储。同时将结果反馈至现场施工导航平板供机械操作员参考,切实做到指导现场施工。管理人员通过终端登录账号,实时查看现场施工情况。

图 8-3 系统组成示意图

2.软件系统

后台数据展示如图 8-4 所示。

8.2.3 功能特点

(1)实时监测,有问题及时预警,及时纠偏。

(2)强夯机操作人员可以快速准确定位桩点位置,无须提前放样与划线,缩减人力成本和管理成本,大大提高施工效率。

(3)监测记录以报表形式导出,数据真实有效,且可长时间保存。

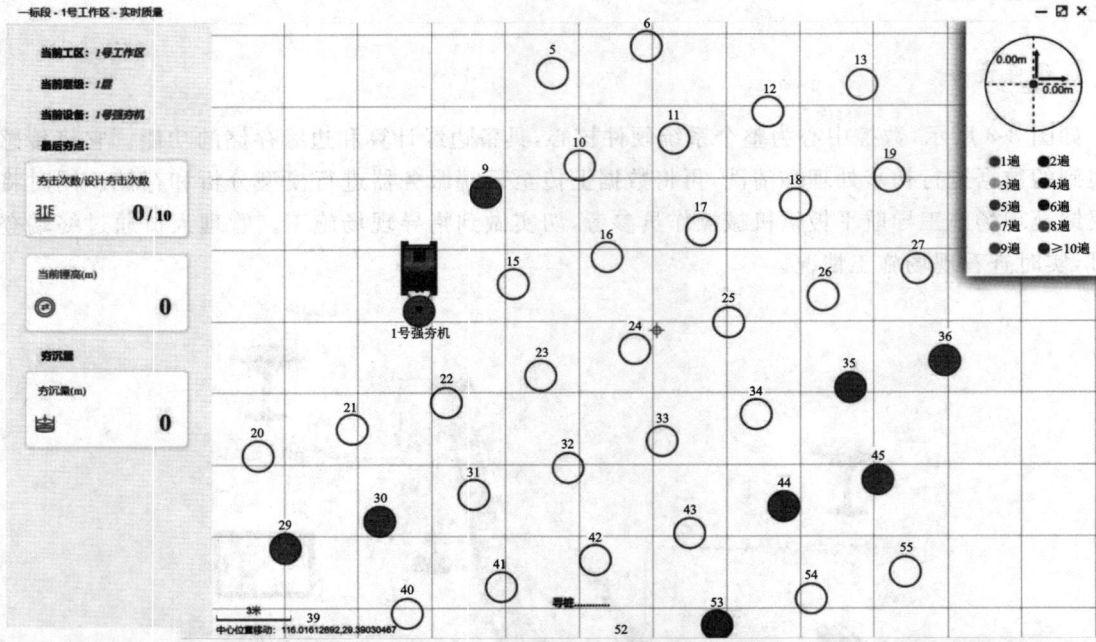

图 8-4 后台数据展示图

序号	工作区	工作层级	施工设备	夯点名称	夯击次数	夯沉量(m)	最后2锤	工法	夯点位置(y,x)	操作
781	1号工作区	1层	1号强夯机	1092	22	1.69	0 / 0.03	点夯	404420.167,3252717.4	过程数据
780	1号工作区	1层	1号强夯机	1092	7	1.51	0.15 / 0.08	点夯	404420.167,3252717.4	过程数据
778	1号工作区	1层	1号强夯机	1092	15	1.81	0.03 / 0.01	点夯	404420.167,3252717.4	过程数据
777	1号工作区	1层	2号强夯机	534	6	1.23	0.13 / 0.07	点夯	404432.059,3252808.0	过程数据
776	1号工作区	1层	2号强夯机	659	8	1.53	0.12 / 0.06	点夯	404433.628,3252787.7	过程数据
775	1号工作区	1层	2号强夯机	659	9	1.52	0.05 / 0	点夯	404433.628,3252787.7	过程数据
774	1号工作区	1层	2号强夯机	659	9	1.56	0.05 / 0.04	点夯	404433.628,3252787.7	过程数据
773	1号工作区	1层	2号强夯机	659	9	1.44	0.06 / 0.05	点夯	404433.628,3252787.7	过程数据
772	1号工作区	1层	2号强夯机	* 1226	5	1.23	0.19 / 0	点夯	404405.251,3252696.6	过程数据
771	1号工作区	1层	2号强夯机	1226	9	1.88	0.08 / 0.04	点夯	404405.251,3252696.6	过程数据
770	1号工作区	1层	1号强夯机	1553	14	1.59	0.01 / 0.02	点夯	404410.072,3252664.7	过程数据
769	1号工作区	1层	2号强夯机	1322	7	1.44	0.09 / 0.1	点夯	404480.575,3252709.5	过程数据
768	1号工作区	1层	1号强夯机	1642	14	1.72	0.01 / 0.03	点夯	404404.539,3252654.8	过程数据
767	1号工作区	1层	1号强夯机	1690	14	1.67	0.02 / 0.02	点夯	404409.473,3252652.1	过程数据
766	1号工作区	1层	2号强夯机	1361	1	0	0.00 / 0	点夯	404477.809,3252704.6	过程数据
765	1号工作区	1层	1号强夯机	1787	14	1.76	0.03 / 0.03	点夯	404411.641,3252644.4	过程数据

8.3 大体积混凝土监测

8.3.1 系统简介

大体积混凝土内部热量较难散发,外部热量散发较快,混凝土经历热胀冷缩过程相应会在表面产生拉应力。温差达到一定程度,混凝土表面拉应力将超过混凝土极限抗拉强度,导致混凝土表面产生有害裂缝,甚至产生贯穿裂缝。另外,混凝土硬化后随温度降低产生收缩,由于受到地基约束,会产生很大外约束力,当外约束力超过混凝土极限抗拉强度时,也会产生裂缝。为了了解基础大体积混凝土内部由水化热引起的温度升降规律,掌握基础混凝土中心与表面、表面与大气间的温度变化情况,需要对大体积混凝土进行持续监测。

大体积混凝土监测系统针对混凝土浇筑过程中存在的重大风险点进行实时自动化安全监测,采用无线自组网,定期连续采样,实时上传数据并进行数据处理,帮助检测人员实时了解混凝土各部位的温度健康状态,快速定位问题,及时作出准确评估以便采取相应措施。

8.3.2 设备组成

1.硬件设备

自动测量单元有分布式网络化测量、自动间隔测量、单次测量、连续测量、定时测量、定次测量、测量数据存储、计算机通信、附设人工比测等功能。自动测量单元由进口防水工程塑料箱、主控模块、测量振弦模块、电源模块、避雷模块、通信模块、接线端子等组成。

如图 8-5 所示,设备自动采集现场数据,并通过无线传输方式回传至系统数据库进行处理及存档,用户可通过电脑或手机等终端设备进行查看,如现场温度变化数据达到系统设定阈值,系统平台自动发送报警信息。

稳定值	记录时间	记录值(℃)	单次变化量(℃)	累计变化量(℃)	累计变化监情	处理情况	操作
东侧上	2020-08-19 06:52:01	30.319	-0.232	-13.009	未报警	未处理	处理 标记无效
东侧上	2020-08-19 05:52:00	30.551	-0.278	-12.777	未报警	未处理	处理 标记无效
东侧上	2020-08-19 04:51:59	30.829	-0.343	-12.499	未报警	未处理	处理 标记无效
东侧上	2020-08-19 03:51:59	31.172	-0.376	-12.156	未报警	未处理	处理 标记无效
东侧上	2020-08-19 02:51:58	31.548	-0.276	-11.780	未报警	未处理	处理 标记无效
东侧上	2020-08-19 01:51:57	31.824	-0.203	-11.504	未报警	未处理	处理 标记无效
东侧上	2020-08-19 00:51:56	32.027	-0.187	-11.301	未报警	未处理	处理 标记无效
东侧上	2020-08-18 23:51:55	32.214	-0.231	-11.114	未报警	未处理	处理 标记无效
东侧上	2020-08-18 22:51:55	32.445	-0.264	-10.883	未报警	未处理	处理 标记无效
东侧上	2020-08-18 21:51:54	32.709	-0.230	-10.619	未报警	未处理	处理 标记无效

图 8-5 数据展示图

2.软件系统

混凝土测温看板如图 8-6 所示,包括报警信息、设备统计、今日温差监测和昨日温度变化速率监测等模块。

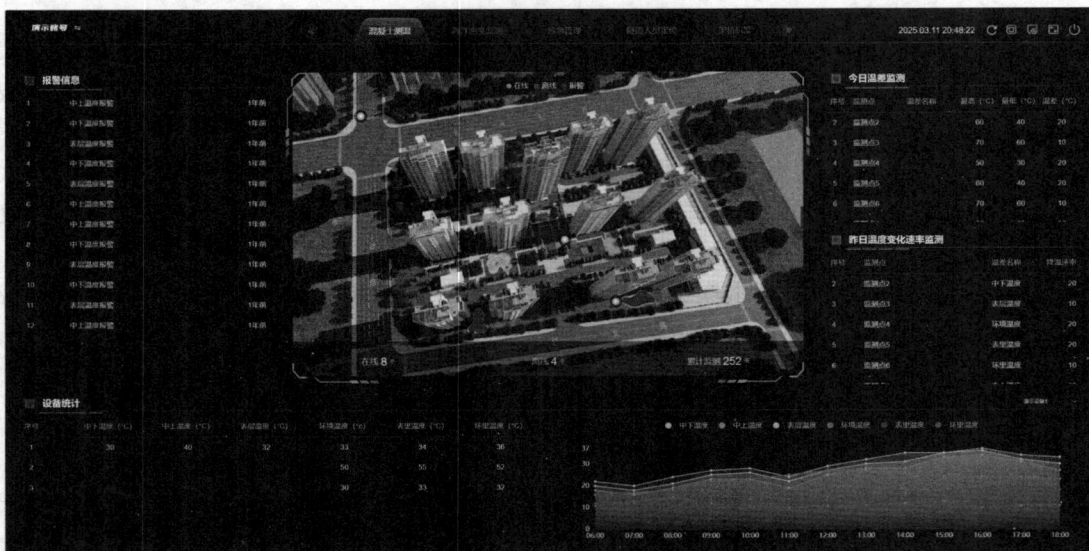

图 8-6 混凝土测温看板

8.3.3 功能特点

(1)数据自主处理:系统能够将采集到的数据解算成所需数据,自动计算出相关数据单次变化量、累计变化量及变化速率,并生成曲线图,还能够统计报警及异常数据、处理结果以及负责人信息等。

(2)数据导出:可导出任意时间段内的相关数据和曲线变化图等,还能导出当天的日报。

(3)示意图展示:该系统可展示用户上传的监测示意图,也允许用户在示意图中标注监测点位。

(4)监测点的添加与删除:用户可根据工地现场实际情况选择添加或删除监测点,且该操作对监测项目所有数据不会有任何影响。

8.4 智能标养室

8.4.1 系统简介

随着混凝土试块养护要求的提高,原有的温湿度自动控制技术已经无法满足养护试块的温湿度要求。目前试块养护主要难点是未实现温湿度数据远程实时监测,缺少超限报警、自动生成养护记录等功能;试块养护数据不全且易丢失,无法形成全套的数据记录;当前采用的施工现场智能标准养护室综合管理技术仍不完整。

智慧工地智能标养室使用多种高精度的温湿度监测产品,实时监测标养室的温湿度数据,不仅允许现场查看温湿度数据,还能通过网络进行数据传输。智慧工地智能标养室由监控中心、温湿度传感器、无线通信数据采集和传输设备、无线温湿度变速器等组成,分布在各个监测点的温湿度传感器将采集到的信息进行处理,再传送给无线通信数据采集和传输设备,无线通信数据采集和传输设备将所有信息传到监控中心进行显示、报警并使之能够被查询。

8.4.2 设备组成

1. 硬件设备

智慧工地智能标养室的硬件设备主要有温湿度传感器、控制面板、窄带物联网或 4G 模块、报警模块等。温湿度传感器用来采集养护环境的实时数据。控制面板主要用于读取多组传感器数值并将其通过窄带物联网终端无线发送至物联网系统或通过 4G 模块无线发送至互联网,且控制面板自带电池,能够调整数据读取及发送周期。报警模块的报警方式包括硬件报警和软件报警,当养护环境的温湿度数据出现异常,硬件报警器闪烁报警,软件通过短信方式向指定人员报警。

2. 软件系统

智能标养室看板如图 8-7 所示,包括风险播报、温度湿度监测、标养室概况、近 7 天送检试块提醒和报警类型等模块。

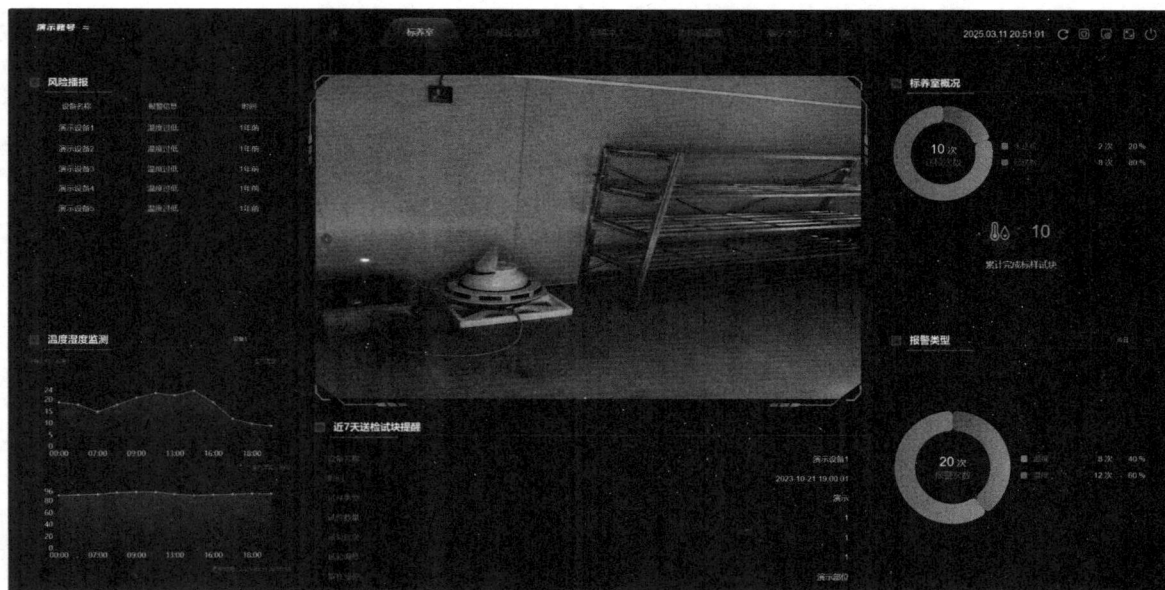

图 8-7 智能标养室看板

8.4.3 功能特点

(1)可在线实现对监测点位 24 小时连续的数据采集和记录,以多种方式对监测信息进行显示和存储,监测点位可多达上千个。

(2)当被监控点位出现数据异常时可自动发出报警信号,并通过短信的方式进行报警,上传报警信息并进行本地及远程监测。

(3)当前各冷链设备的温湿度数据能够通过数字、实时曲线等方式进行显示,也可设置查看数据权限。

(4)任意时刻的温湿度数据及运行报告都可通过监控软件进行打印。

(5)局域网内的任何一台电脑都可以访问监控电脑,在线查看监控点位的数据,实现远程监测。

8.5 智能实测实量

8.5.1 系统简介

传统实测实量耗费大量人力和时间成本,且人工测量记录统计数据烦琐复杂易产生较大误差,需要反复校核,多方实测数据无法比对。"智能实测实量"是一款专门为房地产企业和建筑施工企业打造的精细化质量管理工具。

该系统首先须进行包括人员管理、区域管理、检查项和描绘测区等的配置;然后进行智能测量,包括现场校尺、现场实测以及一键发送数据等;最后进行数据分析,包括后台爆点统计、导出实测报告、实测数据看板和多维度实测数据统计等。

8.5.2 设备组成

1.硬件设备

(1)智能靠尺:测量结果数字化,可用于墙体垂直度、平整度以及地面平整度测量等,见图 8-8(a)。使用阶段为砌筑和抹灰阶段,测量时间为 3s,测量效率和测量准确性等均提升 3 倍以上,并且机器的连续工作时间与连续高强度工作的稳定性、精准性等均远远高于人工。平整度的测量操作视频展示见二维码。

(2)智能测距仪:测量结果数字化,可用于任意两点的距离测量,见图 8-8(b)。使用阶段为砌筑和抹灰阶段,测量时间为 2s,多用于测量室内净高、房间开间/进深偏差以及户内门窗洞口尺寸,偏差测量效率和测量准确性等均提升 2 倍以上。

(3)智能卷尺:测量结果数字化,可用于任意建筑构件几何尺寸测量,见图 8-8(c)。使用阶段为砌筑和抹灰阶段,测量时间为 3s,多用于测量截面尺寸,偏差测量效率和测量准确性等均提升 3 倍以上。

(4)智能阴阳角尺:测量结果数字化,可用于任意阴阳角方正度测量,见图 8-8(d)。使用阶段为砌筑和抹灰阶段,测量时间为 1s,偏差测量效率和测量准确性等均提升 2 倍以上。

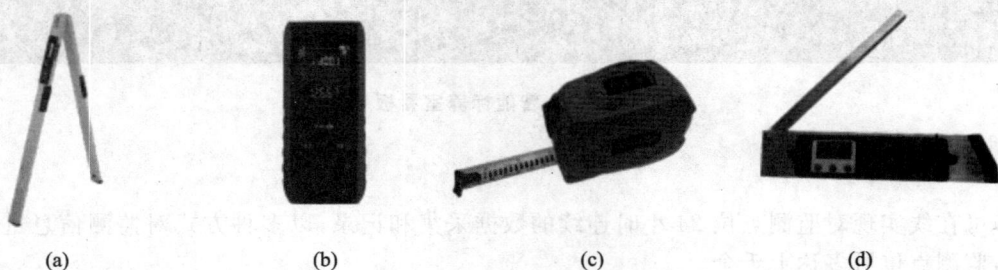

(a)   (b)   (c)   (d)

图 8-8 智能测量硬件

(a)智能靠尺;(b)智能测距仪;(c)智能卷尺;(d)智能阴阳角尺

2.软件系统

(1)手机 App。

与传统人工统计相比,智能实测实量软件能即时掌握项目概况、实测进度、实测合格率、爆点分类等信息,既准又快,如图 8-9 所示。

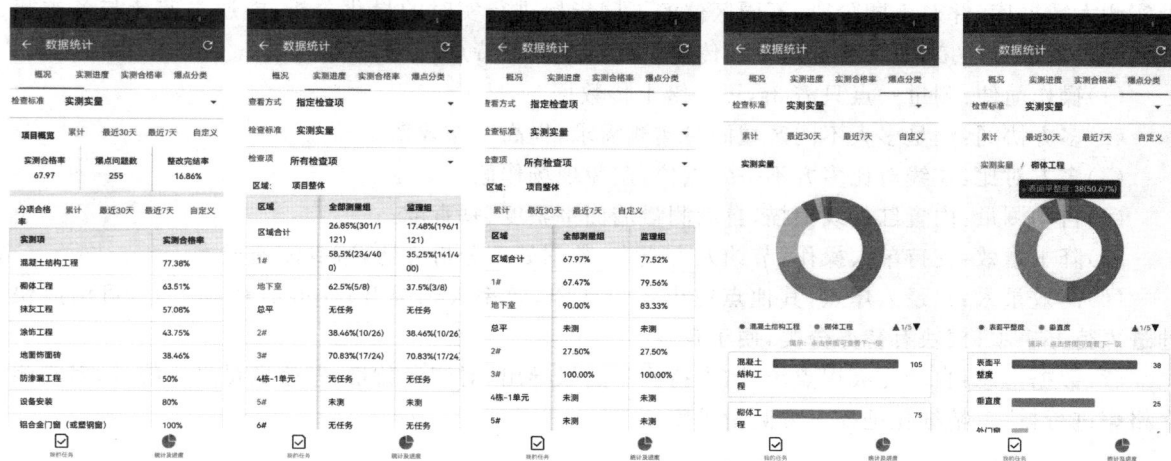

图 8-9 手机 App 数据统计

(2)PC 端。

①数据一键导出:数据在线自动统计,替代了以往烦琐且不实用的测量记录。

②实测进度及合格率指标统计:按检查项、区域、组别统计进度和合格率,实时掌握项目实测的真实情况。

③实测实量统计报告:包括实测任务总体概览,各标段或区域对比,监理、施工单位实测数据对比,进度对比等。

④智建 BI 看板:看板是数据呈现的窗口,是数据洞察体系、预警监控体系、绩效考核体系实现的基础,用户可以按需配置自身管理需求的数据看板,如图 8-10 所示。

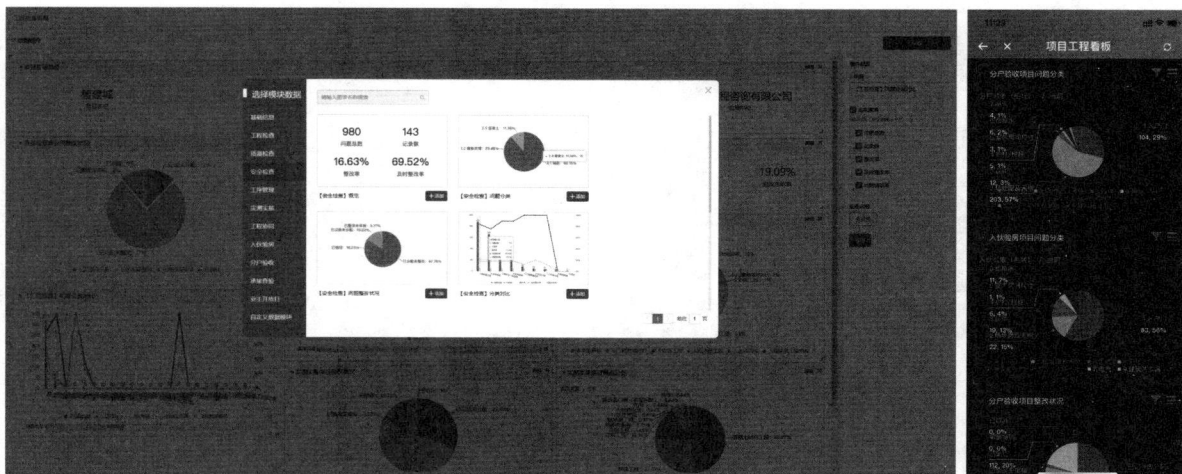

图 8-10 智建 BI 看板

8.5.3 功能特点

智能实测实量支持项目甲方、监理、施工单位等多方实测,并进行数据结果比对;支持集团、第三方质量抽查,支持多项目多标段横向对比;支持项目的多阶段实测管理,支持混凝土结构、砌筑、抹灰、精装、防水等专项的测量,也可以根据需求自定义实测的类别;支持爆点整改;生成项目的全量实测大数据库,并对不同阶段、不同区位的不同指标进行实时的量化分析;能通过蓝牙与各类智能实测设备进行连接,实现数据的自动传输。其具有以下特点。

(1)操作简便:测量一点只需 3s,可一键上传数据。

(2)多方协同:满足多人不同区域同时实测需求,提高工作效率。

(3)多方对比:在线对比多方不一致点位,避免现场作假。

(4)自动测量:内置红外线扫描,自动测量墙面平整度、垂直度。

(5)降本增效:支持单人操作,节约人力成本;数据处理分析方便,减少流通成本。

(6)高效录入:只录入爆点,其他点位由系统代添,效率大幅提升;App 有待办中心,可由此快速进入待办事项;模块有待办分类,便于查找。

(7)数据汇总:自动完成爆点统计,支持测量后果导出,对测量数量、整改数量进行统计,对实测合格率进行排名,精细化把控三方测量进度。

习题与思考题

8-1 质量巡检的技术特点有哪些?

8-2 强夯施工质量监测系统的功能特点是什么?

8-3 大体积混凝土监测的业务逻辑是什么?

8-4 智能标养室的功能特点是什么?

8-5 智能实测实量的业务逻辑是什么?

9 安全管理

【内容提要】
　　本章主要内容为基于物联网技术及其他信息平台建立的建筑施工现场安全管理系统,包含视频监控、AI隐患识别、安全巡检、智能广播、智能烟感、临边防护监测、高支模安全监测、深基坑安全监测、吊篮安全监测、卸料平台安全监测、电箱安全监测、智能安全帽、外墙脚手架监测、爬架安全监测等系统。

【能力要求】
　　通过本章的学习,学生应了解建筑施工现场安全管理的意义;明晰视频监控、AI隐患识别、安全巡检、智能广播、智能烟感等系统在安全管理系统平台分别发挥的作用;了解各监测系统的基本原理、传感器物联网技术的概念;理解各系统在处理施工现场安全问题所进行的联动与协同过程。

9.1 视频监控

9.1.1 概述

　　视频监控系统是通过摄像机和视频录像机等设备,传输、存储和处理视频信号,实现对特定区域进行实时监控和记录的系统。它被广泛应用于安保、交通管理、工业控制等领域。

　　视频监控系统由摄像机、传输介质、存储设备、视频处理器和监控显示器等多个部件组成。

　　(1)摄像机:摄像机是视频监控系统的核心部件,可以将实时画面转化为电子信号,并传输给其他设备进行处理和显示,常见的摄像机如图9-1所示。

图 9-1　常见的摄像机

　　(2)传输介质:传输介质负责将摄像机产生的电子信号传输到其他设备。包括有线传输和无线传输两种方式。有线传输是通过电缆或光纤进行数据传输,传输速度快、稳定性高;无线传输则通过无线电波将信号传输到接收设备,具有高灵活性和便携性。

(3)存储设备:存储设备用于对视频信号的录制和存储。常见的存储设备包括硬盘录像机(DVR)、网络硬盘录像机(NVR)等。这些设备具有大容量、高稳定性和可靠性的特点,可以长时间保存视频数据。

(4)视频处理器:视频处理器负责对摄像机采集到的视频信号进行处理和编码。它可以对图像进行增强、压缩、分割和分析等操作,以提高视频质量和减少存储空间的占用。

(5)监控显示器:监控显示器用于显示摄像机传输过来的视频画面。它可以将多个摄像机的画面分屏显示,以便实时监控和比对。

视频监控系统的工作原理可以分为图像采集、信号传输、信号处理和图像展示四个步骤。

(1)图像采集:视频监控系统通过摄像机对特定区域的图像进行采集。摄像机的镜头接收到光线,并将光线信息转换为电子信号。这些信号包含着图像的亮度、饱和度、对比度等。

(2)信号传输:摄像机产生的电子信号需要通过传输介质传输到其他设备。传输过程中需要保证信号的稳定性和安全性。目前,能比较好地解决远距离视频传输的办法是采用"视频平衡传输"。摄像机输出的视频信号经发射机转换为一正一负的差分信号,经双绞线传输至监控中心的接收机再重新合成为标准的全电视信号送入控制台中的视频切换器等设备。这种传输方式不加中继器时,黑白电视信号最远可传输2km;彩色电视信号最远可传输1.5km。加中继器时最远可传输20km。

(3)信号处理:通过视频处理器对接收到的图像采集设备传输过来的信号进行信号解码,相应模块将其转换为原始的图像数据格式。因为不同的图像采集设备可能输出不同格式的信号,而最终展示或存储的格式可能有特定要求,则还需要进行格式转换。

(4)图像展示:显示设备类型包括监视器、电脑显示器等。监视器通常具有较高的分辨率和稳定性,能够长时间稳定地显示监控视频画面。电脑显示器则具有灵活性,方便通过软件对视频画面进行操作和管理,如调整画面大小、切换监控通道等。

视频监控系统广泛应用于各个领域。在安保领域,视频监控系统可以保护公共场所的安全,监控重要设施的运行情况,预防和追踪犯罪行为。在交通管理领域,视频监控系统可以监控路况、交通流量和违法行为,以提高交通安全水平。在工业控制领域,视频监控系统可以对生产过程进行监控和分析,提高生产效率和质量。视频监控系统的工作原理如图9-2所示。

图9-2　视频监控系统的工作原理图

9.1.2 平台管理

系统平台集成项目所有视频监控,可在 GIS 地图模式和网格模式之间切换查看,点击 GIS 地图模式上点位或者网格模式中某个画面,即可进入具体监控画面查看。全局、项目地图监控图像分别如图 9-3、图 9-4 所示。

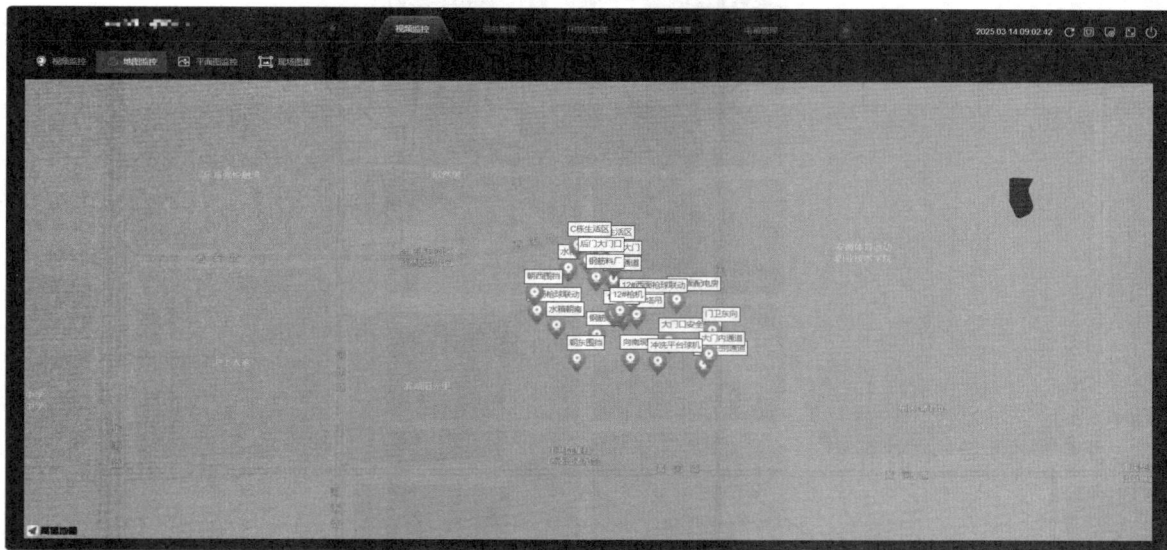

图 9-3　全局地图监控图像

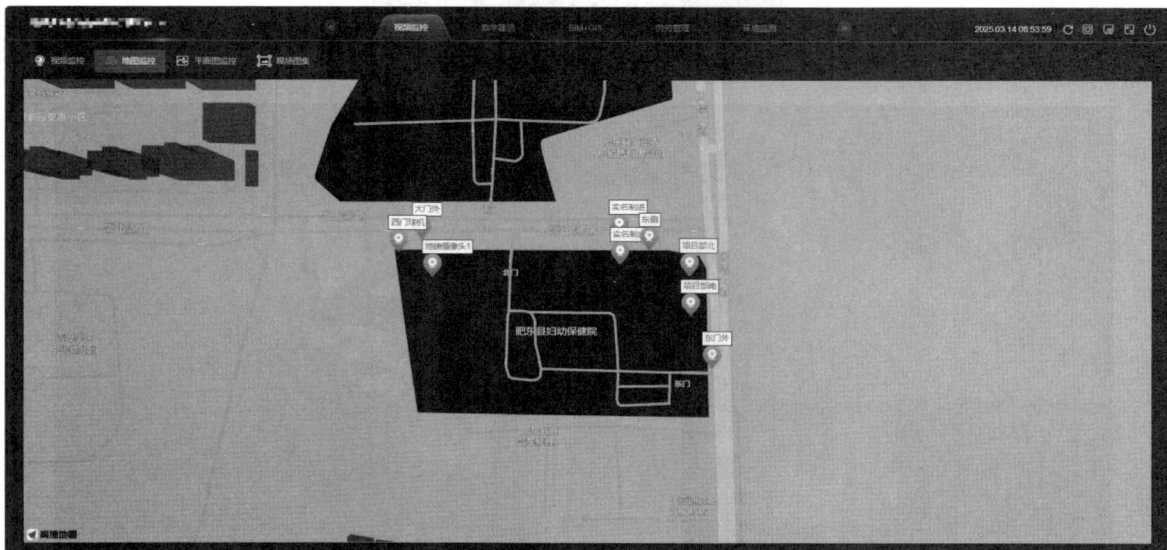

图 9-4　项目地图监控图像

9.1.3 实施效果

通过在施工现场安装的若干外部监控设备,将施工现场的视频监控进行集成实时同步到智慧工地云平台,实现在同一平台进行数据及视频查看的效果。手机端监控图像查看模式、大屏端及

PC 端 GIS 网格查看模式分别如图 9-5、图 9-6 所示。

图 9-5 手机端监控图像查看模式

图 9-6 大屏端及 PC 端 GIS 网格查看模式

9.2 AI 隐患识别

9.2.1 概述

AI 隐患识别系统的工作原理是将人工智能技术与图像处理算法相结合,通过对输入的图像数据进行分析和处理,识别出可能存在的安全隐患。

智慧工地平台中独立的 AI 算法对视频图像实时监测并进行识别,并抓拍现场安全隐患以及人员违规行为,比如明火、烟雾、未佩戴安全帽、未穿戴反光衣,并立即发出事件预警信号,在 PC 端或手机端上给相关责任部门推送消息,管理人员远程就能发现工地上的隐患,减少现场监工的数量,极大降低人力成本,保证 24 小时全天候现场生产安全。

AI 隐患识别系统的工作流程如下。

(1)数据采集:通过摄像头等设备采集相关场景的图像数据。

(2)图像预处理:对采集到的图像数据进行预处理,包括去噪、图像灰度化等操作,以便后续的分析和处理。

(3)特征提取:利用图像处理算法提取图像中的关键特征,例如边缘、纹理、颜色等。

(4)隐患识别:将提取到的特征输入到训练好的人工智能模型中,进行隐患识别和分类。

(5)结果输出:根据识别结果,生成相应的报告或警示信息,及时通知相关人员进行处理和应对。

AI 隐患识别系统网络拓扑图如图 9-7 所示。

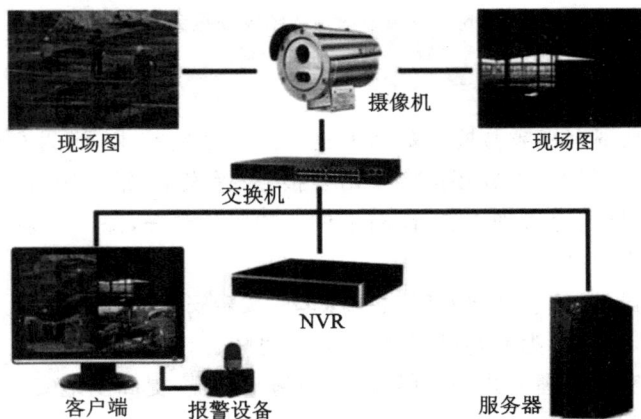

图 9-7 AI 隐患识别系统网络拓扑图

9.2.2 平台管理

AI 隐患识别系统管理平台采用了直观易用的界面设计,让用户能够快速了解工地安全状况。界面上通常会展示工地各区域的实时画面、关键数据、隐患识别结果等信息。同时,平台还提供了丰富的交互功能,如点击放大、拖拽查看、筛选查询等,方便用户进行深入的数据分析和操作。

平台采用先进的图像识别技术,能对工地实时监控画面进行细致分析,精准识别潜在的安全风险,如工人安全帽佩戴情况、机械设备操作合规性等。在数据层面,平台运用强大的数据处理能力对采集的数据进行深度挖掘,生成详尽的统计报告,为项目管理人员揭示工地安全状况的动态变化和潜在风险点。

当平台检测到任何可能的安全隐患时,会立即启动预警机制,通过可视化界面向管理人员发出明确的安全提示,引导其迅速采取相应措施,防患于未然。此外,平台还依托数据分析结果为项目管理人员提供策略性建议,如工地布局优化、工作计划调整等,旨在提升工地整体的安全管理水平。

AI隐患识别系统管理平台看板如图9-8所示。

图 9-8　AI隐患识别系统管理平台看板

9.2.3　实施效果

AI隐患识别系统在现有视频监控的基础上辅以人工智能技术,侦测安全隐患,一旦发现安全隐患可立即发出警报(现场智能音柱还能实现语音报警;保安亭、指挥中心安装喇叭亦可以语音报警提醒),报警信号同步推送至管理人员;同时形成抓拍照片台账,保存于系统后台数据库。结合实际项目经验,其实施效果总结如下。

(1)实时动态监测,报警信息推送及时;智能高效,减轻安全管理工作量。

(2)后台抓拍存档,违规行为有迹可查,惩罚有据可依。

(3)作为一种新型安全管理方式,时刻警示工地施工人员,提高工地安全生产意识。

其中安全帽佩戴情况智能识别、反光衣穿戴情况智能识别实景展示分别如图9-9、图9-10所示。

AI隐患识别系统提高了工地安全管理的效率和准确性,降低事故发生的概率,保障施工人员的生命安全。

图 9-9　安全帽佩戴情况智能识别

图 9-10　反光衣穿戴情况智能识别

9.3　安 全 巡 检

9.3.1　概述

安全巡检系统通过微信小程序对施工区域发现的安全问题进行拍照、描述、归类,并下发整改任务,整改后拍照回复并生成电子版质量问题整改记录。

安全巡检系统操作流程如下。

(1)准备工作:在安全巡检之前,需要确保所有相关的智能设备和软件系统都已经正确安装并完成配置。包括高清摄像机、传感器、无线网络等设备,以及相应的软件系统。

(2)巡检任务分配:使用防爆手持终端或其他移动设备,通过无线传输的方式与服务器连接,实时接收巡检任务。

(3)实地巡检:巡检人员按照分配的任务,使用智能设备进行实地巡检。在巡检过程中若发现问题,拍照描述上传,并通过无线网络实时上传到服务器。

(4)数据分析与警报:服务器会对上传的巡检数据进行分析,如果发现异常情况或安全隐患,系统会立即发出警报,并通过智慧工地云平台将相关信息推送给整改人。

(5)隐患处理与反馈:整改人在收到警报后,需立即安排现场整改,进行隐患处理。处理完成后,将相关信息反馈到系统中,以便进行后续的数据分析和优化。

安全巡检系统操作流程如图 9-11 所示。

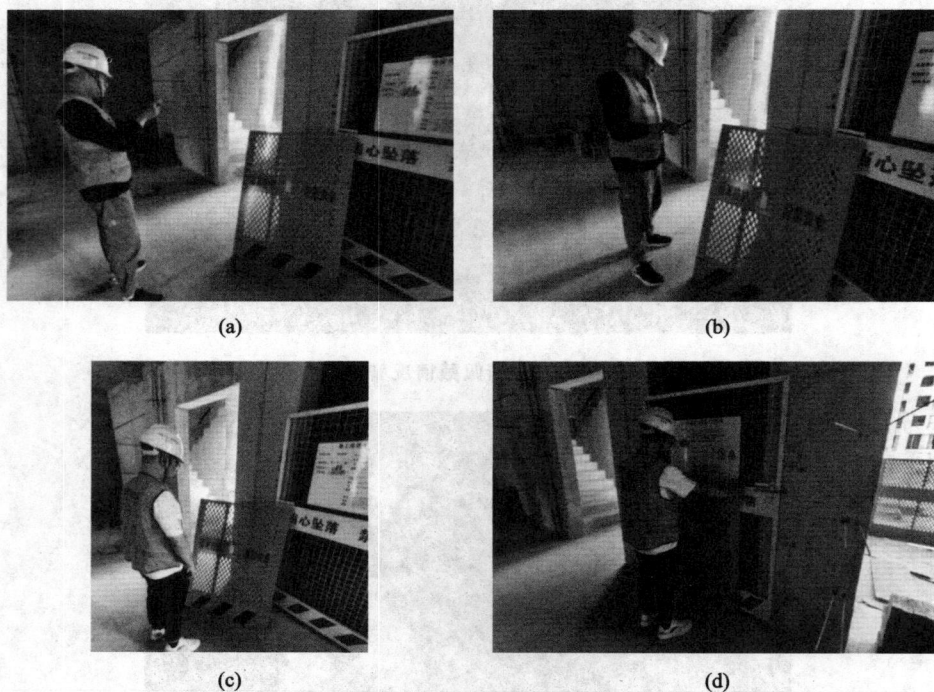

图 9-11 安全巡检系统操作流程图
(a)发现问题,拍照描述上传;(b)整改人收到系统消息安排现场整改;
(c)整改完成,拍照回复;(d)发起人现场复核整改是否满足要求

9.3.2 平台管理

安全巡检人员将巡查信息实时同步到智慧工地云平台,问题播报栏公布检查出的问题项目、隐患级别、整改截止时间。将安全问题的整改状态分为未整改、待整改、已整改三类;隐患等级分为一般、严重、重大以及底线问题四类。大屏端及 PC 端安全巡检看板如图 9-12 所示。

9.3.3 实施效果

(1)提高监控效率:智慧工地安全巡检系统运用高清摄像机、传感器等设备,对工地的各个角落进行全天候的监控,有效提升了巡检效率,减少了人工巡检盲点,保证了施工安全监控的全方位覆盖。

(2)降低安全风险:当施工现场出现异常情况时,比如有人闯入危险区域、有人佩戴不符合规定的安全帽等,安全巡检系统会立即发出警报,并通过智慧工地云平台将相关信息推送给管理人员,以提醒其迅速处理。这大大降低了施工现场的安全风险。

(3)实时监测与数据分析:智慧工地安全巡检系统还可以对设备运行状况及操作人员行为进行实时监测和分析,如塔吊、吊钩和升降机的运行状况,有助于及时发现潜在的安全隐患,并采取相应措施进行预防。

(4)减少人为失误:通过智能设备和数据分析,智慧工地安全巡检能够减少人为操作中的失误,如塔吊作业中的盲吊、隔山吊等问题,进一步保障了施工现场的安全。

图 9-12　大屏端及 PC 端安全巡检看板

（5）远程值守与实时反馈：管理人员利用云台控制，通过 PC 端/移动端实现远程值守，从而能够实时了解工地情况，及时作出反应。

9.4　智能广播

9.4.1　概述

　　智慧工地的智能广播系统是依托网络技术和信息管理系统，能为工地提供信息传递、管理与控制服务的平台。其能够实现大范围、多样化和快速的信息传递，帮助工地更好地管理和运营。

　　智能广播系统的核心组成部分主要包括广播设备和主控制器。广播设备主要由户外音柱和无线话筒组成，负责将语音、图像等信号输入，并将其转化为数字信号进行传输。主控制器则承担着统筹安排、控制和管理整个系统的职责，同时它还可以进行数据备份和恢复等操作。户外音柱与无线话筒如图 9-13 所示。

图 9-13　户外音柱（左）与无线话筒（右）

智慧工地的智能广播系统的基本组成如下。

(1)服务器:服务器是智能广播系统的核心,负责管理和控制整个系统的运行。服务器可以接收和存储广播内容,然后根据预设的时间表或实时指令进行播放。

(2)网络交换机:网络交换机是连接服务器、解码器和其他网络设备的关键设备,负责在网络中传输数据。通过网络交换机,服务器可以将广播内容传输到各个解码器。

(3)解码器:解码器负责接收来自服务器的数字音频信号,并将其解码为模拟音频信号,以便驱动音频设备播放。解码器还可以实现音频信号的放大、调节等功能。

(4)音柱或扬声器:音柱或扬声器是广播系统的输出设备,负责将解码后的音频信号转换为声音,供工地上的工作人员收听。音柱或扬声器可以根据工地的实际情况进行布置,确保声音覆盖到每个需要广播的区域。

(5)控制软件:控制软件是智能广播系统的大脑,负责管理和控制整个系统的运行。通过控制软件,用户可以设置广播时间表、播放列表、音量大小等参数,还可以实现远程控制、实时监控等功能。

智能广播系统工作逻辑如图 9-14 所示。

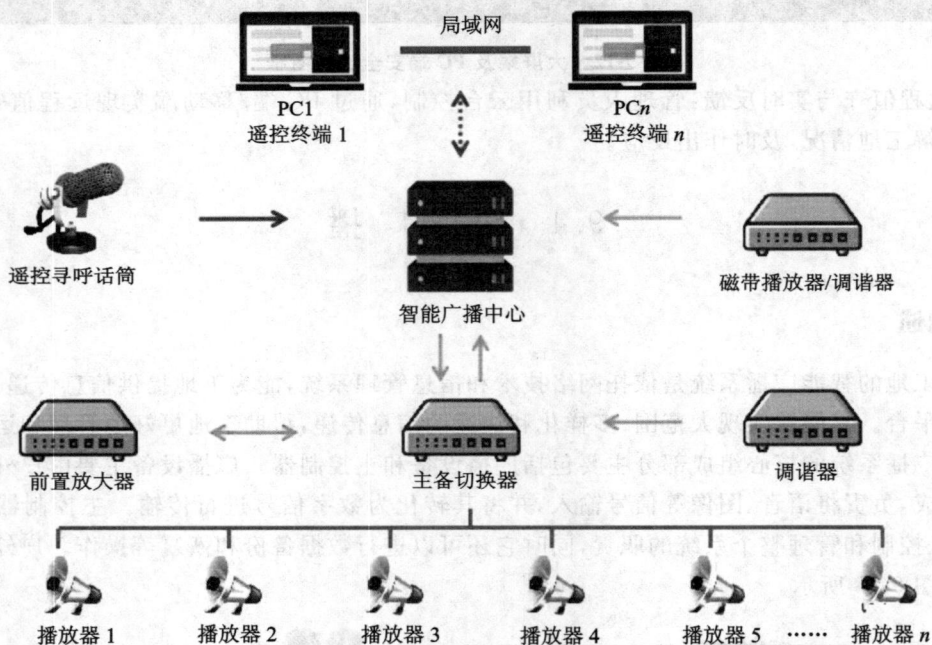

图 9-14　智能广播系统工作逻辑

9.4.2　平台管理

智能广播系统控制平台如图 9-15 所示。

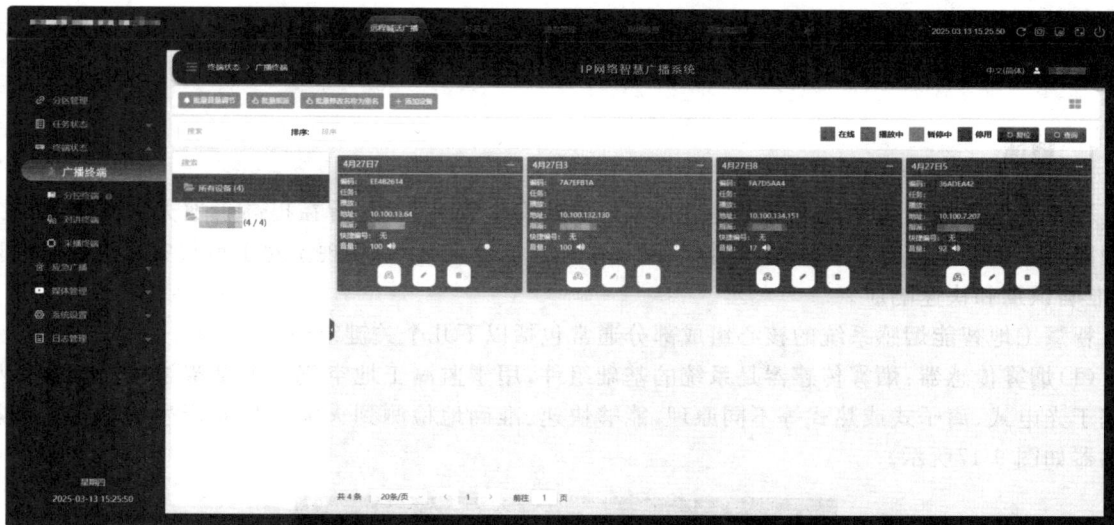

图 9-15　智能广播系统控制平台

9.4.3　实施效果

智能广播系统可以定时播放广播内容,无须人工操作。同时,通过智能控制可以实现分区分片地控制指定接收终端播放指定内容,起到较好的宣传效果。智能广播系统实景应用如图 9-16所示。

图 9-16　智能广播系统实景应用

智能广播系统可以与 AI 隐患识别系统进行联动协同管理,后者通过先进的图像识别、数据分析等技术,能够实时监控工地环境,准确识别潜在的安全隐患,如工人未佩戴安全帽、违规操作机械设备等。一旦发现异常情况,AI 隐患识别系统会立即启动预警机制,联动智能广播系统进行报警,及时提醒建筑工人的违规操作行为,从而提高工人的应急反应能力,快速响应整改,减少事故发生。

联动系统自动识别预警、自动播放广播内容,能大大减少人工管理的环节,提高管理效率。

9.5 智能烟感

9.5.1 概述

智慧工地智能烟感系统是基于先进技术形成的安全管理系统,旨在提高工地火灾预防和应急处理能力。该系统整合了传感技术、物联网技术和数据处理技术,实现了对工地火灾风险的实时监测、准确识别和快速响应。

智慧工地智能烟感系统的核心组成部分通常包括以下几个关键组件。

(1)烟雾传感器:烟雾传感器是系统的基础组件,用于监测工地空气中的烟雾浓度。烟雾传感器基于光电式、离子式或热式等不同原理,能够快速、准确地检测到火灾发生时产生的烟雾。烟雾传感器如图 9-17 所示。

图 9-17 烟雾传感器

(2)温度传感器:温度传感器用于监测工地的温度变化。火灾发生时,温度通常会急剧上升,因此温度传感器可以作为火灾识别的重要手段之一。

(3)中央控制器:中央控制器是系统的核心部件,负责接收传感器传输的数据,并对数据进行处理和分析,并根据预设的算法和规则进行火灾识别和报警。中央控制器通常也具有网络连接功能,可以与其他系统进行数据交互和远程监控。

(4)报警器:报警器是系统的输出设备,当系统检测到火灾风险时,会触发报警器发出声光信号,提醒工地内的人员注意并采取应急措施。

(5)云端服务器:云端服务器用于存储和管理系统采集到的数据,提供远程访问和数据分析服务。通过云端服务器,管理人员可以随时随地查看工地的火灾风险情况,并进行远程管理和指挥。

9.5.2 实施效果

智能烟感系统通过实时监测工地的烟雾浓度,能够预防并及时预警火灾的发生。该系统采用了先进的烟雾感知技术,可以快速检测空气中的微小颗粒物,并识别烟雾的类型和浓度。一旦烟雾浓度超标,系统便会立即发出报警,通知相关人员及时采取措施,从而避免了火灾的蔓延。通过全天候的监测和预警,系统能够实时掌握工地的安全状况,降低了火灾发生的可能性。同时,智能烟感系统还可以与消防设备设施联动,实现快速响应和有效灭火,提高了灭火救援的效率。

智能烟感系统还能够提升工地人员的安全意识和自我保护能力。通过定期的宣传教育和应急处置演练,工地人员了解并熟悉智能烟感系统的功能和作用,增强自身的防火意识和应急处理能力,在火灾发生时,能够迅速采取相应的措施,保护自身和他人的生命安全。

9.6　临边防护监测

9.6.1　概述

建筑工地中存在着大量的深基坑、洞口、高空边缘地带,给安全作业带来隐患。为保证施工人员的安全,需安装临边防护监测模块,可实现防护栏杆的老化松动预警、缺失预警、移动预警、人员接近预警等功能,提高施工现场人员安全保护水平,避免发生高坠事故。

临边防护监测系统包括传感器、数据采集与传输、监控与报警三部分。传感器采用电阻检测技术实时监测防护网破损状态,防护网电子线锁、电子磁锁具有人体靠近感应及防翻越检测功能,当防护网被违规拆卸、破坏、打开时设备会实时报警通知。数据采集与传输主要任务是收集来自各个传感器的信号,将传感器输出的模拟信号转换为数字信号,最后将数据发送到监控中心或远程服务器。监控与报警的功能是当监测到异常情况时,及时发出警报,报警方式包括声音报警、光报警等。报警设备还可与其他安全系统联动。已投入工程实际应用的临边防护实时监测仪如图9-18所示。

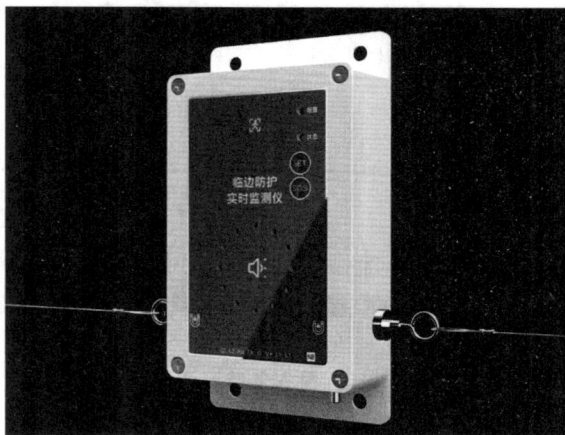

图 9-18　临边防护实时监测仪

临边防护监测设备电子线锁及电子磁锁示意图和人员入侵检测示意图分别如图9-19、图9-20所示。

当人员靠近防护网一定范围内设备会声光报警,有效阻止人员坠落,并将实时上传平台状态;防翻越装置的两台设备之间会形成红外虚拟墙,当有违规人员穿越或翻越时,设备会现场声光报警提示,并将实时报警信号传输到平台。

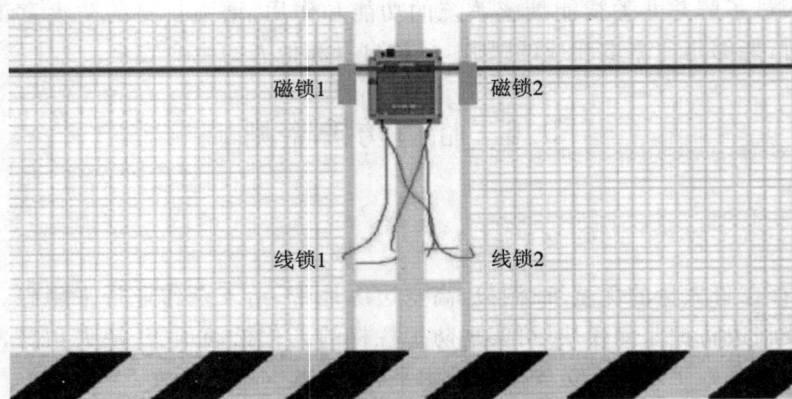

图 9-19　电子磁锁和电子线锁

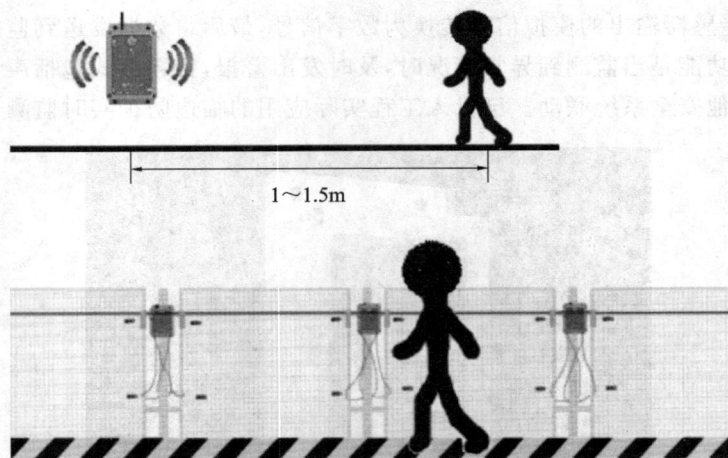

图 9-20　人员入侵监测示意图

9.6.2　平台管理

临边防护监测系统智能控制平台如图 9-21 所示。

9.6.3　实施效果

临边防护监测系统能够及时发现和处理防护网的异常情况,包括防护网破坏、防护栏杆倾倒等,能有效防止人员坠落等安全事故的发生。它内置有红外防翻越及人员进入传感器,当人员与防护网的距离在一定范围内时,系统会发出声光语音报警,有效阻止人员进入危险区域。配合智能视频监控系统,通过移动物联网实时传输现场状态,管理人员能够掌握施工现场的安全状况,及时制止违规行为,实现全方位防护。临边防护监测效果如图 9-22 所示。

图 9-21　临边防护监测系统智能控制平台

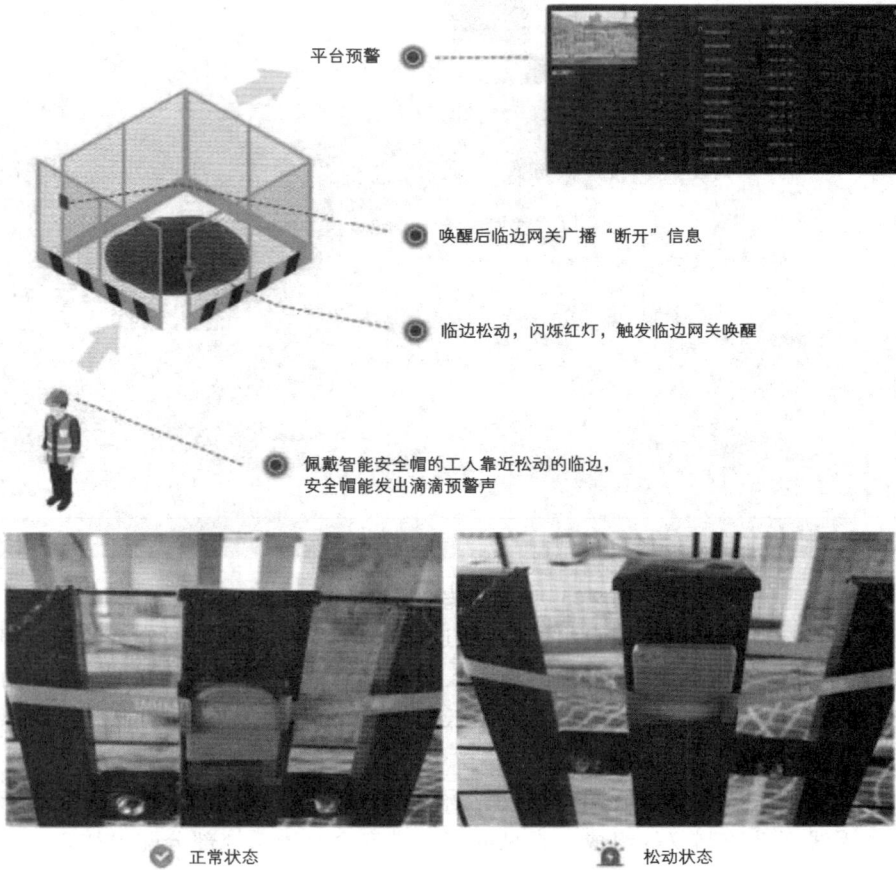

图 9-22　临边防护监测效果

9.7 高支模安全监测

9.7.1 概述

高支模安全监测系统主要应用于对高大模板支撑系统浇筑施工过程中的诸多重大安全风险点进行实时自动化安全监测。主要监测由顶杆失稳、扣件失效、承压过大等引起的支撑轴力、模板沉降、支撑体系倾斜等参数。高支模安全监测系统如图 9-23 所示。

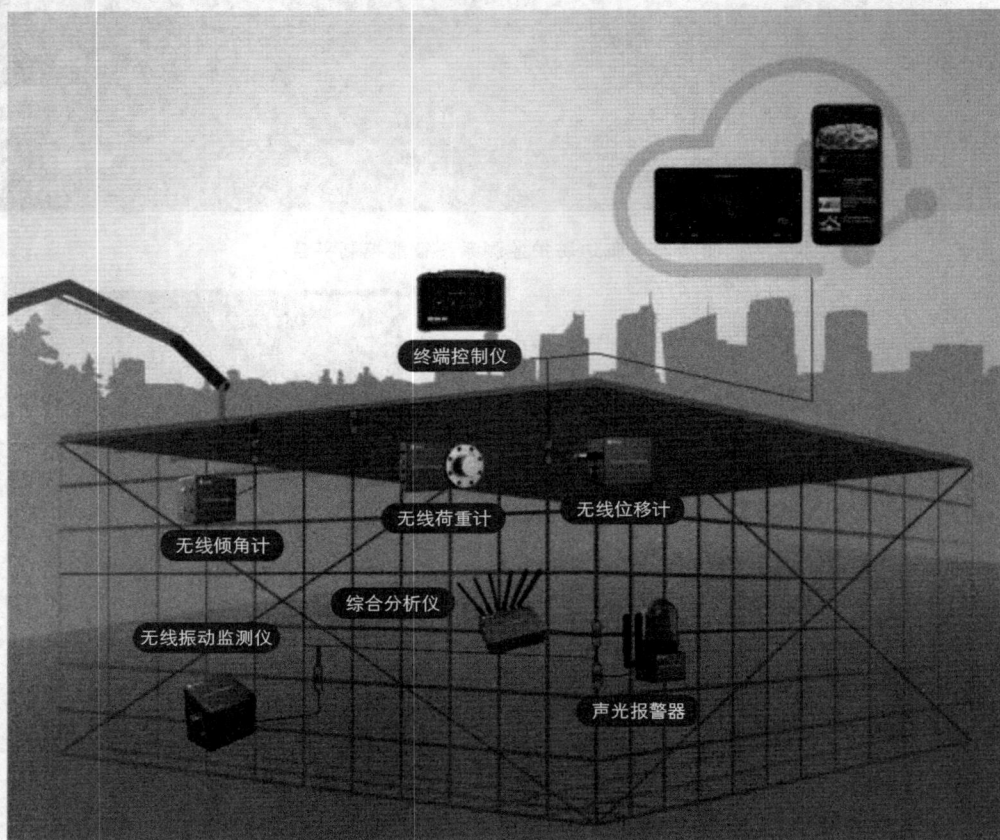

图 9-23 高支模安全监测系统示意图

高支模安全监测系统采用无线自组网,高频连续采样,支持实时数据分析及现场声光报警。在施工监测过程中,秒级响应危险情况,提醒施工人员在紧急时刻撤离危险区域,并自动触发多种报警通知,及时将现场情况告知管理人员,有效降低施工安全风险,其各项性能指标均达到或超过现有高支模人工监测方法。

高支模安全监测系统主要由终端控制仪、综合分析仪、无线倾角计、无线荷重计、无线位移计、声光报警器和无线振动监测仪等组成。常见的高支模安全监测系统部分配置如表 9-1 所示。

表 9-1   高支模安全监测系统部分配置

系统分类	产品名称	规格型号	数量	单位	备注
高支模安全 监测系统	终端控制仪	WH-ICP	1	台	工业级专用平板电脑,内置采集软件
	综合分析仪	WH-CAI-V5.0	1	台	内置大容量存储器,可存放 6 个月之久的连续采集数据;同时支持 4G 和 LoRa 通信,自适应组网,最大支持同时连接 36 个无线传感器,可连续监测 120 小时;具有监测传感器运行状态、分析数据、上传数据、传感器离线后自动切换网络状态等核心功能
	无线倾角计	WH-WTS-V5.0	4	只	同时支持 4G 和 LoRa 通信;可通过自适应组网或移动网络直接上传
	无线荷重计	WH-WLS-V5.0	4	只	同时支持 4G 和 LoRa 通信,可通过自适应组网或移动网络直接上传
	无线位移计 (垂直)	WH-WDS (V)-V5.0	4	只	量程为 500mm,同时支持 4G 和 LoRa 通信,可通过自适应组网或移动网络直接上传
	无线位移计 (水平)	WH-WDS (L)-V5.0	4	只	量程为 500mm;同时支持 4G 和 LoRa 通信;可通过自适应组网或移动网络直接上传
	声光报警器	WH-WOA	1	只	现场报警用,同时支持 4G 和 LoRa 通信
辅材	充电器	12V/8A	4	个	传感器充电用(通用)
	铝制单环扣	ϕ48mm/ϕ60mm	13	个	传感器固定用,含内六角螺丝
	钢丝线	ϕ0.3mm	3	卷	拉线式位移计延长线
高支模安全监测 系统云平台	WH-HMS		1	套	包含配套远程控制系统和微信监测云平台

建议一次性监测浇筑面积为 225～500m²

9.7.2 平台管理

高支模安全监测系统云平台如图 9-24 所示。

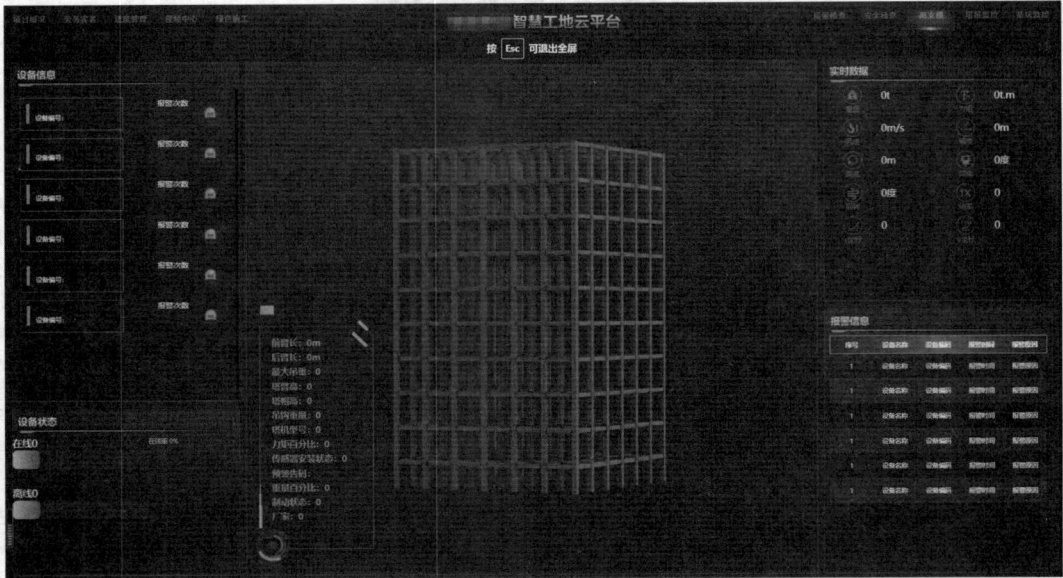

图 9-24　高支模安全监测系统云平台

9.7.3　实施效果

（1）安装简易：使用标准夹具，无线缆连接，无线自组网，可迅速完成安装。

（2）操作简易：软件采用向导式操作模式，易于掌握。

（3）测量方便：设备可部署在任一风险点，无须满足光学设备的可视要求。

（4）实时监测：设备监测频率高于 1Hz，秒级响应危险，实时监测现场情况。

（5）多级预警：设备采用 3 级预警机制，可通过声光报警器、短信及电话通知相关人员。

（6）远程监控：系统支持远程现场监控，无须到施工现场，便可实时掌握现场情况。

（7）测点丰富：单一系统最大支持对 9 个风险点、36 个监测点同时进行监测，满足任何复杂工况。

高支模安全监测系统实景如图 9-25 所示。

图 9-25　高支模安全监测系统实景

9.8 深基坑安全监测

9.8.1 概述

深基坑安全监测系统应用于基坑施工过程中,对支撑系统的沉降、位移参数进行实时监测。该系统采用无线自动组网、高频连续采样,实时分析及发送监测数据。在施工监测过程中,及时响应危险情况,提醒施工人员在紧急时刻撤离危险区域,并自动触发多种报警通知,及时将现场情况告知管理人员。深基坑安全监测系统如图 9-26、图 9-27 所示。

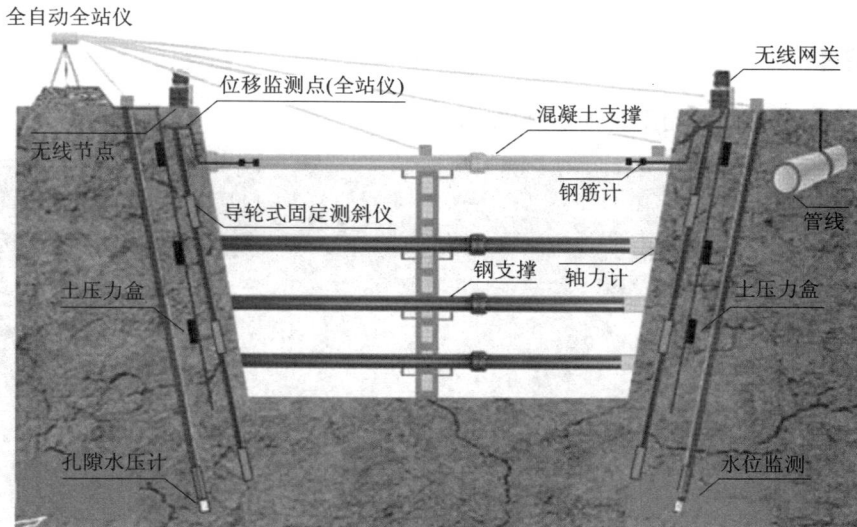

图 9-26　深基坑安全监测系统示意图 1

图 9-27　深基坑安全监测系统示意图 2

通过在基坑布置相关传感器,实时监测基坑支护桩倾斜角、轴力,地下水位,周边建筑物倾斜等情况,自动上传监测数据(一般30分钟采集一次,支持自主设置),监测数据异常会立即报警,并将报警信息以短信或平台消息方式通知相关管理人员。

表9-2　深基坑安全监测系统部分工作子单元

产品名称	规格型号	备注
智能采集仪	WH-ICT	数字信号采集和传输
有线倾角计	WH-IMG	表面倾斜监测(经过公式换算可以得出水平位移量)
静力水准仪	WH-HSL	沉降监测(竖直位移)

9.8.2 平台管理

深基坑安全监测智能控制平台如图9-28所示。

图9-28　深基坑安全监测智能控制平台

9.8.3 实施效果

该系统能自动采集分析数据并预警,无须管理人员定期采用仪器测量,更加智能高效,避免人为操作带来的误差,有效降低施工安全风险,其各项性能指标均达到或超过现有深基坑人工监测方法。深基坑安全监测系统将报警信息实时发送给管理人员,方便其及时采取加固措施,避免安全事故发生。

9.9 吊篮安全监测

9.9.1 概述

吊篮是用于高空作业时载人垂直上下的工具,与外墙面满搭钢管脚手架相比,具有搭设速度快、节约大量脚手架材料、节省劳力、操作方便灵活、技术经济效益较好等优点。尤其是近年来,越来越多的大规模高层住宅建筑群被开发,吊篮已经被广泛运用到建筑行业的外墙装饰、抹灰、幕墙玻璃的安装或清洗、大理石的干挂等作业中。吊篮安全监测装置示意图如图 9-29 所示。

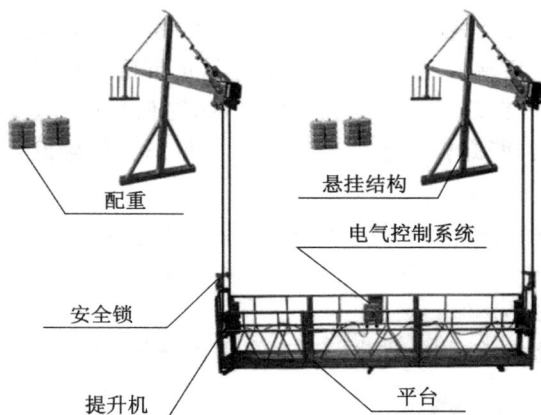

图 9-29 吊篮安全监测装置示意图

吊篮安全监测系统运用了人工智能技术、视觉算法、图像检测识别技术、重力传感技术、移动通信技术、云平台大数据超算等技术,包括前端智能监测设备及云后台智能管理系统,对吊篮施工现场进行实时动态监测。监测内容涉及吊篮设备的载重变化、稳定性、电机断电、天气预测,以及高空作业人员安全操作规范、防护装备佩戴情况、人员遇险等,通过云平台超算中心及后台管理系统和移动端 App 实时预警,为工程管理人员快速反应提供可靠信息。

吊篮安全监测系统主要由以下几个部分组成。

(1)传感器:通过安装在吊篮上的传感器,监测吊篮的倾斜度、载荷情况、环境气压、环境气温等数据,并将数据传输给中央系统。

(2)中央系统:对传感器传输过来的数据进行实时分析,根据设定的安全阈值,判断吊篮是否存在安全风险,并在必要时发出预警信号。

(3)控制中心:负责接收和处理来自中央系统发出的预警信号,及时采取相应的应急措施,保障吊篮施工的安全。

(4)显示屏幕:将监控结果显示在屏幕上,供相关人员实时观察和分析。

9.9.2 实施效果

吊篮安全监测系统实时监测吊篮质量、倾斜角度等数值;远程平台及移动端 App 具有报表功能,实时记录吊篮运行状态,并且能保存操作人员记录;系统具有定时开机关机功能,可通过平台对事件进行设置,且能远程调试,方便维护。吊篮安全监测系统能有效降低传统电动吊篮施工过程中因设备和人为因素导致的安全事故的发生率,提高项目施工效率,降低施工成本。

9.10 卸料平台安全监测

9.10.1 概述

卸料平台安全监测系统由前端传感单元、后端控制单元、云服务平台等部分组成。卸料平台安全监测系统的基本组成如下。

(1)前端传感单元:前端传感单元包括各种传感器,如压力变送器、温度变送器、位移传感器等。负责实时检测卸料平台的各项参数,如受力情况、温度变化、位移变化等,并将这些参数转化为可处理的电信号。

(2)后端控制单元:后端控制单元包括上位机软件及数据库管理软件等。负责接收前端传感单元发送的信号,对信号进行处理和分析,并根据预设的安全阈值判断卸料平台是否处于安全状态。如果发生异常情况,后端控制单元会触发报警机制。

卸料平台
安全监测

(3)云服务平台:在卸料平台安全监测系统中,云服务平台是一个不可或缺的部分。通过云服务平台,可以实现远程监控和管理,管理人员通过连接互联网就可以实时查看卸料平台的运行状态,接收报警信息,并做出相应处理。

卸料平台安全监测装置、卸料平台超载报警系统设备分别如图 9-30、图 9-31 所示。

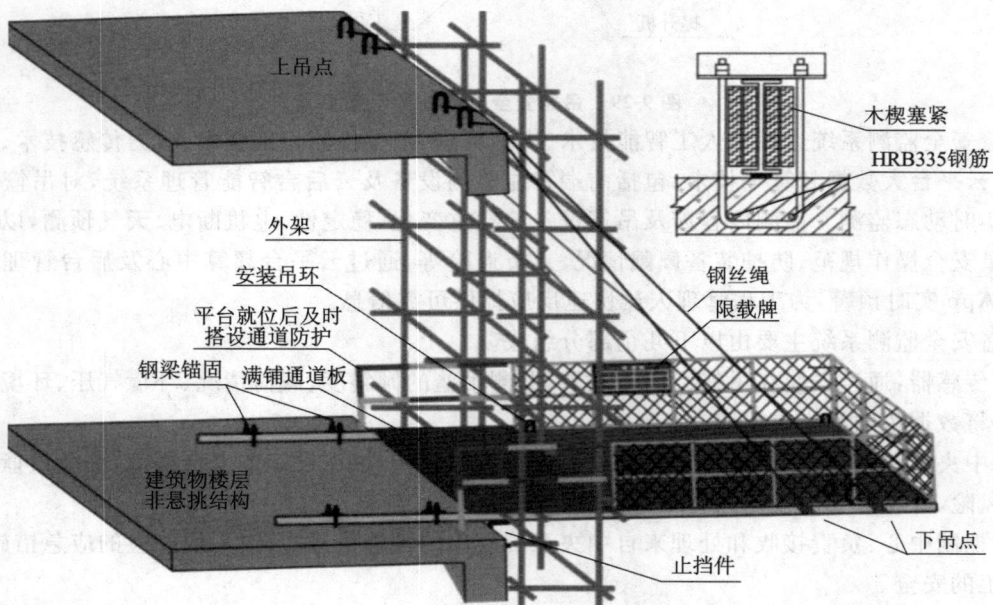

图 9-30 卸料平台安全监测装置示意图

图 9-31　卸料平台超载报警系统设备

9.10.2　平台管理

卸料平台安全监测系统云服务平台如图 9-32 所示。

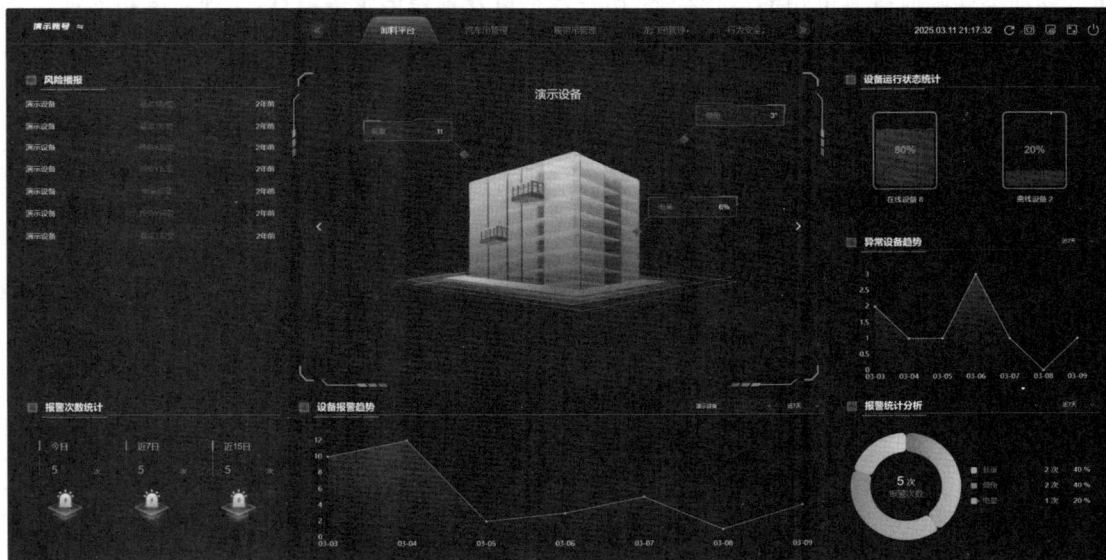

图 9-32　卸料平台安全监测系统云服务平台

9.10.3　实施效果

卸料平台安全监测系统可实时监测卸料平台的运行状态,及时发现潜在的故障隐患,并采取相应的预防措施,从而避免安全事故的发生,显著降低生产事故的风险,确保生产稳定进行。同时该系统也能提高生产效率,及时发现并解决潜在问题,减少设备故障和停机时间,从而确保生产的连续性。此外,系统还可以实现对卸料平台的自动化控制和管理,减少人工干预,进一步提高生产效率。

9.11　电箱安全监测

9.11.1　概述

电箱安全监测是指对电箱及其内部电气设备进行实时、连续的安全状态检测与监控的过程。这一过程涉及对电箱内的电压、电流、温度、湿度等关键参数进行精确测量,并通过数据分析与评估,识别潜在的安全隐患或故障,从而采取相应的预防措施或及时进行处理。

电箱安全监测系统的运行机制:传感器和采集设备实时监测电箱内的电压、电流、温度等关键参数。这些传感器能够高精度地捕捉电气设备的运行状态,并将数据传输到监测中心或数据处理单元。监测中心接收到实时数据后,利用先进的算法和模型对数据进行处理和分析,包括对数据的清洗、滤波、特征提取等步骤,以便从中提取出有用的信息。通过对处理后的数据进行比较和判断,系统能够识别出电箱内可能存在的异常情况,如电压波动、电流过载、温度升高等。一旦检测到异常,系统会立即触发预警机制,通过声光报警、短信通知等方式提醒相关人员进行处理。相关人员可通过移动终端随时查看电箱的运行状态、历史数据以及预警记录等信息,实现对电箱的远程管理和控制。电箱安全监测实景图如图 9-33 所示。

图 9-33　电箱安全监测实景图

9.11.2　平台管理

电箱安全监测智能控制平台如图 9-34 所示。

图 9-34　电箱安全监测智能控制平台

9.11.3　实施效果

电箱安全监测系统实现电力设备全天自动巡检监控,相关人员可随时掌控运行状态,无须到现场使用仪器一一监测,省时省力更省心。

自行定位故障问题并传递告警信息,工作人员到达现场后能立即处理故障设备,省去故障检查的时间,让电力系统恢复更快,降低故障损失。节约人力、维修设备等方面的资源,促进电网以绿色、节能的运行模式发展。

9.12　智能安全帽

9.12.1　概述

智能安全帽系统是集成各种传感器、视频监控、语音识别及人脸识别等技术的智能穿戴系统。通过佩戴者头部的运动传感器和语音识别系统,智能安全帽系统能够实时获取佩戴者的运动数据,并将其转换为直观的视觉信息,以提示佩戴者是否存在安全隐患。智能安全帽系统可实现人员实体安全防护、音视频实时记录前端(证据收集)、远程指导(维修施工)、安全行为智能检测(安全监管)、智能预警等功能。

智能安全帽系统的基本组成如下。

(1)帽壳:帽壳是智能安全帽系统的主体部分,通常采用高强度材料制成,以提供良好的防护性能。帽壳设计不仅考虑到防护性能,还注重佩戴者的舒适度,确保长时间佩戴也不会感到不适。

(2)传感器模块:传感器模块是智能安全帽系统的核心部分,包括多种传感器,如加速度传感器、温度传感器、气体检测传感器等。这些传感器能够实时监测佩戴者的行动轨迹、环境温度、有害气体浓度等关键信息,为安全监测提供数据支持。

(3)数据传输模块:数据传输模块负责将传感器模块采集到的数据实时传输到中央处理器或其

他终端设备上。通常通过蓝牙、Wi-Fi 或 4G/5G 等无线通信技术实现,确保数据传输的快速、准确。

（4）中央处理器模块:中央处理器模块是智能安全帽系统的"大脑",负责接收来自传感器模块的数据,并进行处理和分析。它可以根据预设的算法和规则,判断佩戴者的安全状况,必要时触发相应的报警或提醒机制。

智能安全帽系统工作示意图如图 9-35 所示。

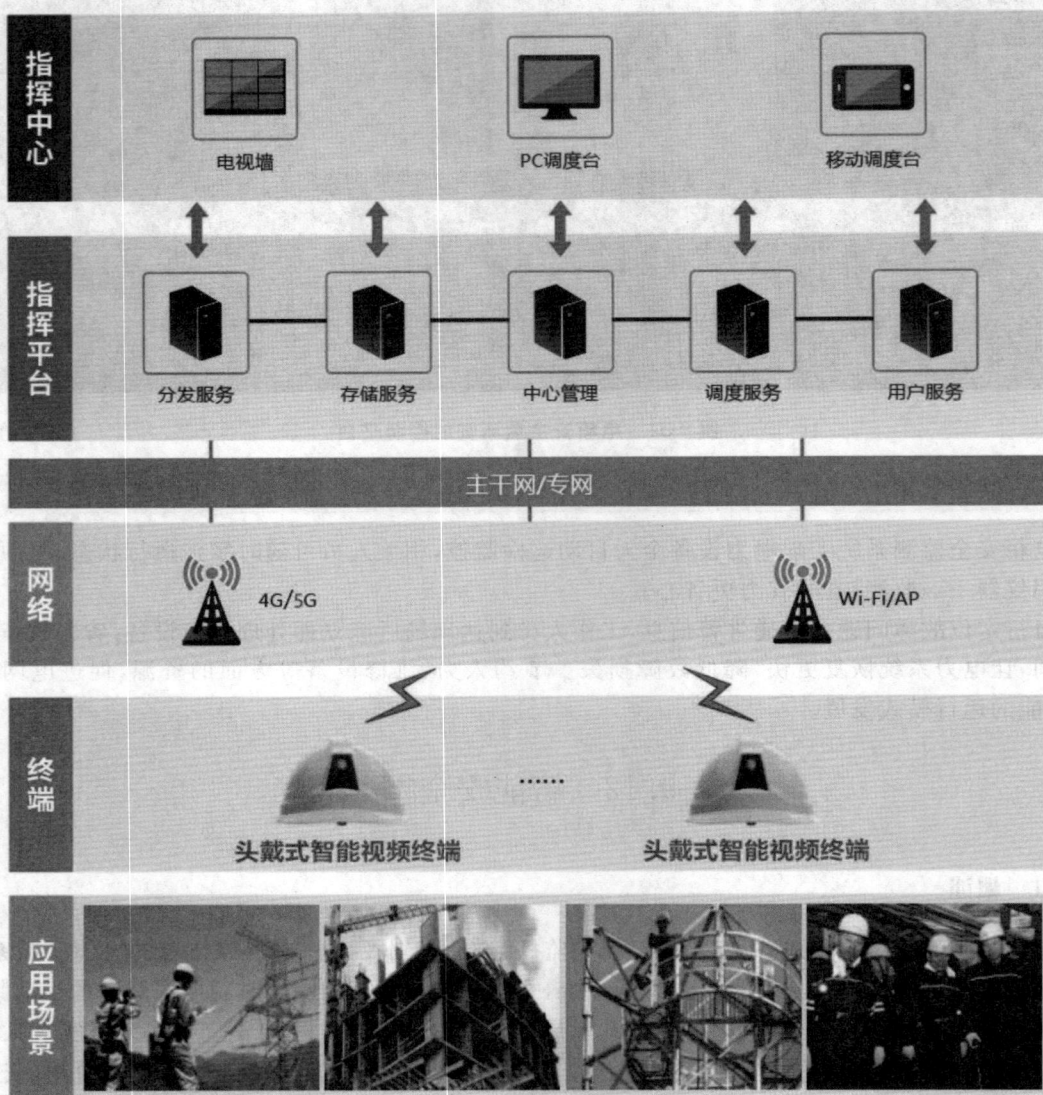

图 9-35　智能安全帽系统工作示意图

9.12.2　平台管理

智能安全帽系统智能控制平台如图 9-36、图 9-37 所示。

9.12.3　实施效果

智能安全帽系统内置的多种传感器可以实时监测佩戴者的体温、心率,以及工作环境等参数。

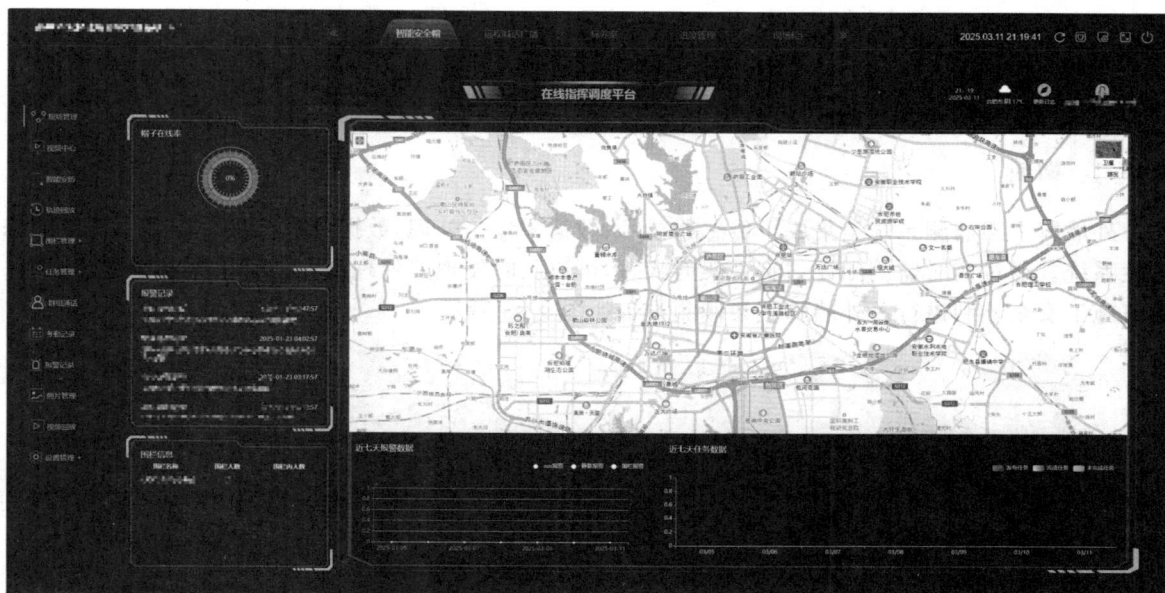

图 9-36 智能安全帽系统智能控制平台 1

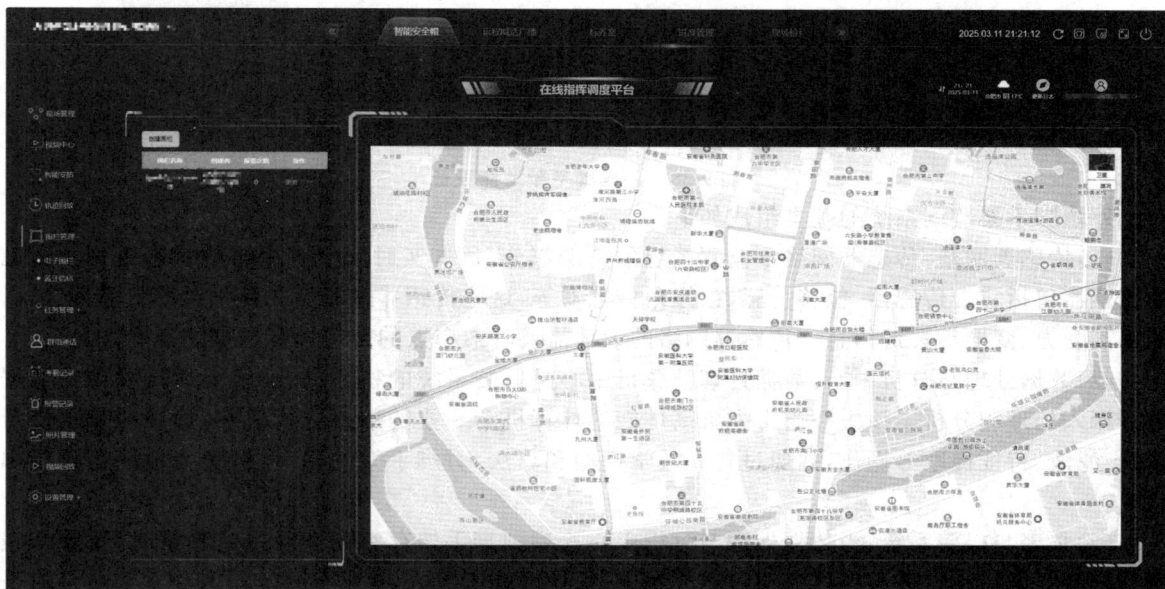

图 9-37 智能安全帽系统智能控制平台 2

一旦检测到佩戴者身体异常或处于危险情况,智能安全帽系统会立即发出警报,及时通知相关人员采取救援措施,从而显著提高施工人员的安全水平。

该系统具有的实时语音通信功能使得施工人员之间能够更好地协同作业,提高工作效率。特别是在需要远程作业或复杂空间作业的场景中,实时通信功能能够极大地提升作业的协同性和效率。

通过智能安全帽系统的定位和追踪功能,管理人员可以实时掌握施工人员的位置和状态,实现对一线施工人员的精准高效远程管理。包括实名管理、质量溯源、数据共享、考勤统计等,极大地提升了管理的便捷性和效率。

9.13 外墙脚手架监测

9.13.1 概述

外墙脚手架监测系统是集成了传感器技术、数据采集与处理、数据分析与报警等多个环节的综合性系统。通过实时监测和评估脚手架的状态,可以及时发现并处理潜在的脚手架安全隐患,确保建筑施工安全顺利进行。外墙脚手架监测设备如图 9-38 所示。

图 9-38 外墙脚手架监测设备

外墙脚手架监测系统的基本组成如下。

(1)传感器网络:传感器网络是监测系统的前端部分,负责实时采集脚手架的状态数据。常见的传感器包括应力传感器、位移传感器、倾角传感器等,这些传感器被布设在脚手架的关键部位,以捕捉其受力、变形等关键信息。传感器网络的设计需要考虑布点的合理性和数据的准确性。

(2)数据处理与分析中心:数据处理与分析中心是监测系统的核心部分,负责对接收到的数据进行深入处理和分析。该中心通常配备高性能的计算机和专业的数据分析软件,可以对数据进行清洗、滤波、特征提取等操作,并通过建立数学模型和算法,对脚手架的稳定性、安全性进行评估和预测。

(3)预警与报警系统:当数据处理与分析中心检测到脚手架存在安全隐患或异常时,预警与报警系统会立即启动。该系统可以通过声光报警、短信通知等方式,提醒管理人员和作业人员及时采取相应措施。预警与报警系统的设置需要考虑报警的准确性和及时性。

(4)监控与展示平台:为了方便管理人员对脚手架状态进行实时监控和查看历史数据,通常需要建立监控与展示平台。该平台可以通过网页、手机 App 等方式进行访问,提供实时数据展示、历史数据查询、报警记录查看等功能。

9.13.2 实施效果

外墙脚手架监测系统通过使用无线位移计,对脚手架横杆和立杆的竖向位移或者横向位移进行监测,竖向位移、横向位移的监测取决于传感器的安装方式,如图 9-39 所示为竖向位移监测。

倾斜观测点采用无线倾角传感器,安装点位于脚手架立杆上。设备安装需要用专用扣件,确保传感器安装稳固,如图 9-40 所示。

图 9-39　外墙脚手架监测系统安装实景 1　　　　图 9-40　外墙脚手架监测系统安装实景 2

(1)外墙脚手架监测系统可以提高施工安全水平:通过实时监测脚手架的状态和受力情况,系统能够及时发现脚手架潜在的安全隐患和异常,从而提醒管理人员和施工人员采取相应的措施。这大大降低了发生脚手架坍塌、坠落等事故的风险,提高了施工过程的安全水平。

(2)该系统优化脚手架设计与管理:监测系统收集的大量数据可以为脚手架的设计和管理提供有力支持。通过数据分析,可以了解脚手架在不同工况下的受力特性和变形规律,为优化设计方案提供依据。同时,系统还可以帮助管理人员实现对脚手架的精准管理,包括定期检查、加固维修提醒等,确保脚手架的稳定性和安全性。

9.14　爬架安全监测

9.14.1　概述

爬架,其全称为附着式升降脚手架,主要适用于高层建筑施工,可不受高度限制沿建筑物自由升降,相比于传统脚手架,在安全性与便捷性方面均有较大提升,近年来受到广泛应用。

爬架主要由架体结构、附着支座、防倾装置、防坠落装置、升降机构等构成。

架体结构是爬架的主体部分,通常由竖向主框架、水平梁架和架体板构成。竖向主框架是构成架体的边框架,与附着支承结构连接。水平梁架一般设于底部,用于加强架体的整体性和刚度。架体结构应具有足够的强度和适当的刚度,以承受架体的自重和施工荷载。

附着支座是确保架体结构在升降过程中处于稳定状态的关键部分。其基本构造包括挑梁、拉杆、导轨、导座(或支座、锚固件)和套框(管)等,可根据实际需要任意组合使用。附着支座需要满足各种工况下的支承、防倾和防坠落装置的承力要求。

防倾装置、防坠落装置均属于安全防护系统,作为爬架系统的重要组成部分,用于保护施工人员的安全。通常包括安全网、安全挡板、防护栏杆等,用于防止施工人员从高处坠落或受到其他伤害。

升降机构是提供爬架升降动力的部分,常见的提升方式包括吊升、顶升和爬升。吊升方式是通过在挑梁架(或导轨、导座、套管架等)上挂置电动葫芦或手动葫芦,以链条或拉杆吊着架体进行升降。

爬架安全监测系统是为进一步提升爬架使用安全性、管理便捷性而设置的,系统能够实时监测爬架的工作状态,包括其受力情况、倾斜角度、位移变化等关键参数。其组成部分主要包含系统主机、系统从机采集器、倾角传感器、质量传感器、行程开关等。其中,系统主机对各个从机采集器采集到的数据进行整合,判断分析是否报警;系统从机采集器采集各个传感器信号,进行数据整合,并且将数据发送至系统主机;倾角传感器设置横纵双轴角度监测。爬架安全监测系统各工作子单元如图 9-41 所示。

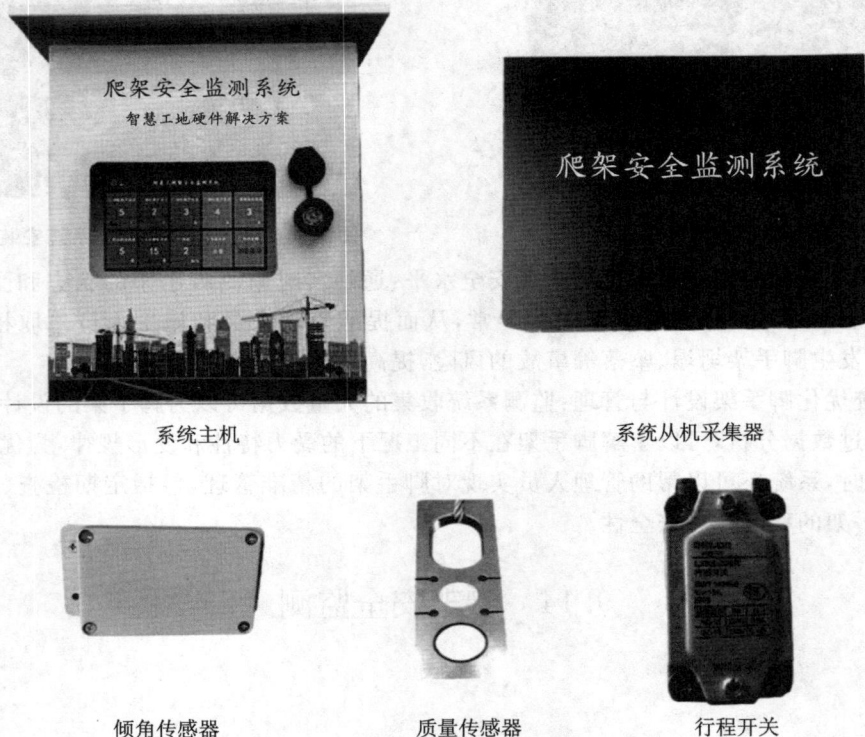

系统主机   系统从机采集器

倾角传感器   质量传感器   行程开关

图 9-41 爬架安全监测系统各工作子单元

9.14.2 平台管理

爬架安全监测系统智能控制平台如图 9-42 所示。

9.14.3 实施效果

(1)高精密精准监测:通过高精密传感器实时监测爬架所受压力、框架横向倾斜角度、框架纵向倾斜角度、横向位移、纵向位移等。

(2)及时预警迅速响应:各项安全数据毫秒级传输,确保同步声光预警,及时安全疏散。

(3)远程平台分析:可分析高支模数据,同时对数据曲线进行分析,通过 PC 端或者手机 App 对数据进行查看,管理人员能够清晰地了解工作数据,便于紧急隐患排查。

(4)远程调试:可通过平台远程修改、标定质量曲线及报警阈值。

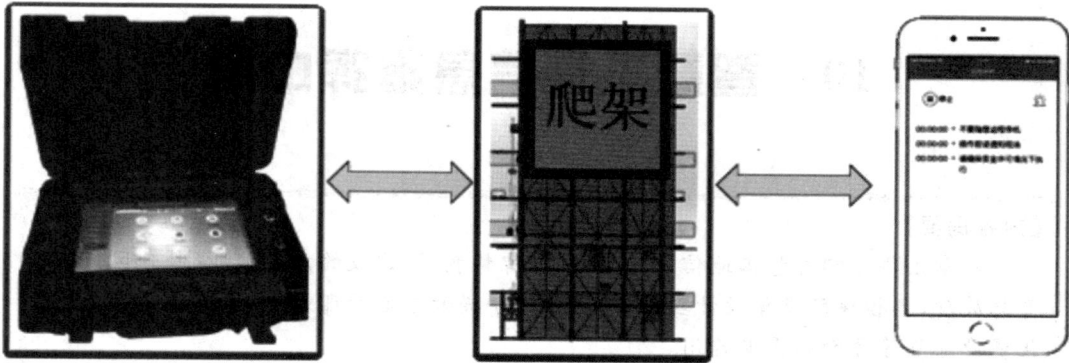

图 9-42 爬架安全监测系统智能控制平台

习题与思考题

9-1 简要描述在智慧工地中 AI 隐患识别系统的具体应用场景有哪些。

9-2 智慧工地采用什么系统实现了对施工现场的全面监控?

9-3 请列举出智慧工地现阶段可以实现哪些设备的安全监测。

9-4 智慧工地安全管理的主要功能有哪些?

9-5 深基坑智慧工地安全管理中,如何运用智能化技术进行实时监控和预警?

9-6 在智慧工地安全管理中,物联网技术主要应用在哪些方面?

9-7 简述智慧工地安全管理中的实时监控技术如何帮助预防事故发生。

9-8 智慧工地安全管理如何与传统安全管理方法相结合,实现更全面的安全保障?

9-9 在智慧工地安全管理中,如何保证施工人员的安全意识和行为符合安全规范?

9-10 智能安全帽如何与其他智慧工地设备进行联动,提高安全管理水平?

10 智慧工地信息指挥中心

╭───╮
│ **【内容提要】**   │
│   本章主要介绍智慧工地信息指挥中心(智慧展厅)建设的意义、特征和分区,以及 │
│ 智慧展厅、各模块的整体设计理念,阐述其对于提升工地管理效率、保障施工安全、优 │
│ 化资源配置等方面的重要作用。   │
│ **【能力要求】**   │
│   通过本章的学习,学生可根据智慧工地的建设目标、理念及特色,对展厅的整体 │
│ 布局、风格、分区进行科学合理的规划与设计。能够灵活运用各类技术手段,提升展 │
│ 厅的互动性和体验感,使参观者能够更直观地了解智慧工地的技术和应用。   │
╰───╯

10.1 智慧工地信息指挥中心总述

智慧工地信息指挥中心,也被称为智慧展厅,是集中展示和演示智慧工地技术和解决方案的场所。内设指挥大屏等设施,能够对施工现场进行智慧管控,并通过三维实体沙盘,全景展示工程实体效果;设有 VR 安全体验区,可以开展沉浸式安全教育,增强人员安全意识;设有指挥中心大屏,通过 BIM 技术、云计算、大数据、物联网、移动互联网等技术,为项目日常管理、控制和决策提供数据支撑,提升项目管理的科学性、可靠性和有效性。展厅利用先进的信息技术和传感器设备,通过三维设计平台对工程项目进行设计和施工模拟,为参观者呈现了一个互联协同、智能生产、科学管理的施工项目信息化生态圈。

智慧工地信息指挥中心是一个全面展示智慧工地的应用和成果的重要平台,对于提升项目现场管理水平、打造精品安全建筑工程以及推动智慧城市建设具有重要意义。

10.2 智慧工地信息指挥中心分区

在智慧工地信息指挥中心的建设中,信息化技术得到了充分利用,管理人员通过 LED、液晶屏、拼接屏等设备,实现了对工地施工进度、安全质量、资源利用等方面的实时监控和管理。这不仅提高了工地管理的效率,也确保了工地建设的有序进行。

在智慧展厅中,通常可以设立多个关键系统模块的展示,包括"红色工地"模块、企业和项目介绍模块、智慧工地集中化展示模块、安全体验模块、质量管理模块、智能施工模块、绿色施工模块。

10.2.1 "红色工地"模块

"红色工地"的理念被深入贯彻到智慧工地建设中。"红色工地"强调党建引领,将党的组织建设和工地管理紧密结合,发挥党员的先锋模范作用,推动工地建设顺利进行。智慧工地信息指挥中心的建设也充分体现了"红色工地"的特点,通过党建展示区(图 10-1)、党员活动区等区域的建设,展示了党建在工地建设中的重要作用。

图 10-1 党建展示区

"红色工地"模块充分利用智慧工地信息指挥中心的信息化、智能化优势,将党建活动与工地管理紧密结合,为工地党员提供了一个学习、交流、实践的平台。相关区域不仅展示了党的核心价值、发展历程和辉煌成就,还提供了丰富的党建活动内容和形式。管理人员可以充分利用这一平台,开展各种形式的党建活动,如主题党日、党员学习交流等,从而增强党组织的凝聚力和战斗力,推动工地党建工作的深入开展。同时,这一区域也为工地管理人员提供了一个全面了解工地情况、科学决策的重要窗口,有助于提高工地管理的整体水平和效率。

展厅入口一侧可设置展厅前言,主要介绍单位党建历史进程及党建形象,设置单位大事件或重点图片展示(如总部大楼、重点工程、主要领导参观考察内容等)。展厅入口另一侧设置党的光辉历程展示,主要展示党的重大发展节点、党的伟大历程等。展厅入口主视角可设置入党誓词展示墙(图10-2),提醒党员干部重温入党誓词,牢记党的使命。同时依托入党誓词,进行整体效果设计,确保展示效果。

展厅一侧可展示党的领导人的主要思想和发展观念,也可展示所在地区的英雄事迹或先进党员典型事例。另一侧靠内设置新时代内容,主要展示新时代新征程党的使命任务等内容,要求每一个党员努力发展自身业务、提高自身水平、充实自身能力。

此外,该模块还提供以下党建学习途径和区域。

1.百年发展史互动系统

通过触控一体机(含异形机柜),利用多点红外触控,可以在"中国共产党百年发展简史"(软件)上自行触摸学习。中国共产党百年发展简史包含党务资料、英雄人物、中共简史、支部风采、知识学习五个内容选项。党务资料分党章、党规和会议等版块。英雄人物有领袖、党和国家领导人、元帅、大将等人物介绍。中共简史包含建党百年简史。支部风采板块可通过自定义设置支部需要展示的内容。在知识学习板块,点击"开始答题",可随机抽取10道题目进行知识自测,答题结束后会进行

图 10-2　入党誓词展示墙

评分。百年发展史互动系统见图 10-3。

图 10-3　百年发展史互动系统

2. AR 党建互动桌

通过布置触摸显示器电容屏、电脑(VR 标准版)、台体、投影机支架、智能液晶电视、插线板、AR 令牌、HDMI/DVI/DP 线(DP 转 HDMI 线)等，建立 AR 党建互动桌。通过控制互动令牌，实现双屏触控全景党建学习，操作灵活简单，一人操作，全员学习体验，见图 10-4。

3. VR 党建

通过使用 VR 一体机，利用电脑集中控制显示设备，集中化展示 VR 内容(图 10-5)。VR 一体

图 10-4 AR 党建互动桌

机让佩戴者实时拥有沉浸式视角,可应用于多人 VR 学习、多人培训等,操作简易、小巧轻便,节约培训成本,为企业和单位解决安全培训问题。

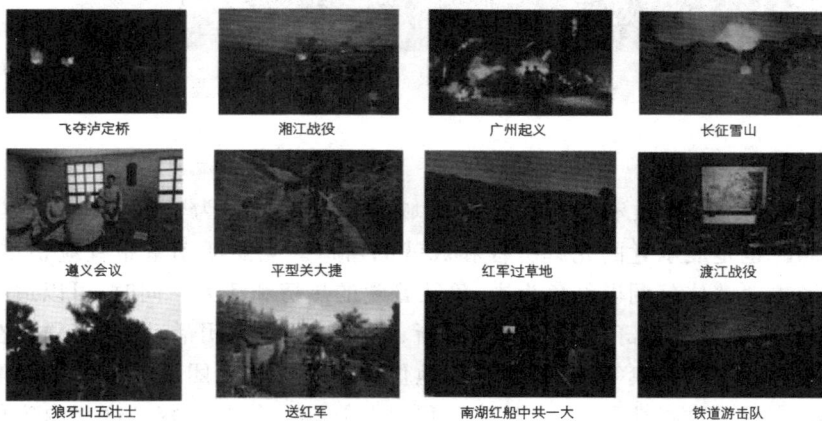

飞夺泸定桥　湘江战役　广州起义　长征雪山

遵义会议　平型关大捷　红军过草地　渡江战役

狼牙山五壮士　送红军　南湖红船中共一大　铁道游击队

图 10-5 VR 党建沉浸式体验

4.廉政教育学习

配置电视、触控一体机、K 式底座、控制程序,运用投影技术科学地探索出现腐败现象的深层次原因,分析其现实基础和社会根源,充分认识反腐败斗争的长期性、艰巨性和复杂性,并使得参观者了解领导班子、领导干部在党风廉政建设中的责任,通过廉政建设推动科学发展,促进社会和谐,提高党的执政能力,保持和发展党的先进性。

5.党建知识答题系统

可配备电视机、挂架配件、主机、控制程序、无限答题控制器、手拍抢答按钮等,党建知识答题系统(图 10-6)包含全面的党建知识,通过后台管理程序进行实时更新,支持多人同时答题,根据答题情况,判定排名,设备自主进行提问、评分,强化相关人员对党建知识的理解和认知。通过人机交互自动问答模式,加强体验者的知识记忆。

图 10-6　党建知识答题系统

6.党团活动室

党团活动室是一个体现党的宗旨、性质和目标的重要区域(图 10-7)。它为党员提供一个学习、交流和开展活动的场所,同时也是展示党的光辉历程和成就的窗口。党团活动室布置应整洁、庄重、大方,体现党的精神和形象。整体色调以红色为主,象征着党的热情和活力。同时,可以适当搭配一些其他颜色,使室内环境更加温馨和舒适。门牌应清晰、醒目,标明"党团活动室"字样。在适当的位置可以设置党的标志,如党徽、党旗等,以彰显党的地位和作用。在党团活动室的一面墙上设置主题墙,展示党的纲领、宗旨、目标、性质,企业党建历程以及党建品牌等内容。这些内容可以通过展板、标语、图片等形式进行展示,使党员更加深入地了解党的基本知识和理论体系。并设置专门的学习阅读区域(图 10-8),配备书柜、桌椅等设施。书柜中应放置党的理论书籍、党史资料、政策文件等,供党员随时查阅和学习。同时,可以定期更新图书资料,以满足党员的学习需求。可设置展示区域,展示党的光辉历程、企业先进典型和荣誉证书等。这有助于激发党员的荣誉感和使命感,增强党组织的凝聚力和向心力。

图 10-7 党团活动室

图 10-8 党建图书角

10.2.2 企业和项目介绍模块

智慧工地信息指挥中心分区中的企业介绍和项目介绍模块,是智慧工地系统的重要组成部分,它们为工地管理提供了全面的背景信息。

在企业介绍模块(图 10-9)中,通常会有参与智慧工地建设的企业的详细信息介绍。通常包括企业的基本信息、发展历程、业务领域、技术实力、企业文化、荣誉以及资质等内容。例如,企业名称、成立时间、注册地点、法定代表人等基本信息有助于了解企业的背景和资质。同时,通过展示企业的发展历程和业务领域,可以了解企业在行业中的地位和影响力。此外,技术实力和企业文化也是企业介绍中的重要部分,它们能够反映企业的创新能力和团队氛围。荣誉和资质部分则能够展示企业在行业内的认可度和成就。

项目介绍模块(图 10-10、图 10-11)则专注于对智慧工地项目的详细介绍。主要聚焦于具体项目的相关信息,如项目名称、项目地点、建设规模、建设内容、工期安排、技术特点、安全管理目标以及绿色施工管理目标等。项目介绍可以全面展示项目的整体情况,包括项目的建设规模、建设内容以及工期安排等,有助于项目管理者把握项目的进度和计划。同时,技术特点和安全管理目标的介绍可以展现项目的创新性和安全性,为项目的顺利进行提供保障。此外,绿色施工管理目标的介绍则体现了项目在环保和可持续发展方面的努力。该模块还可能包含对项目的评价和反馈,以便不断改进和优化智慧工地系统。

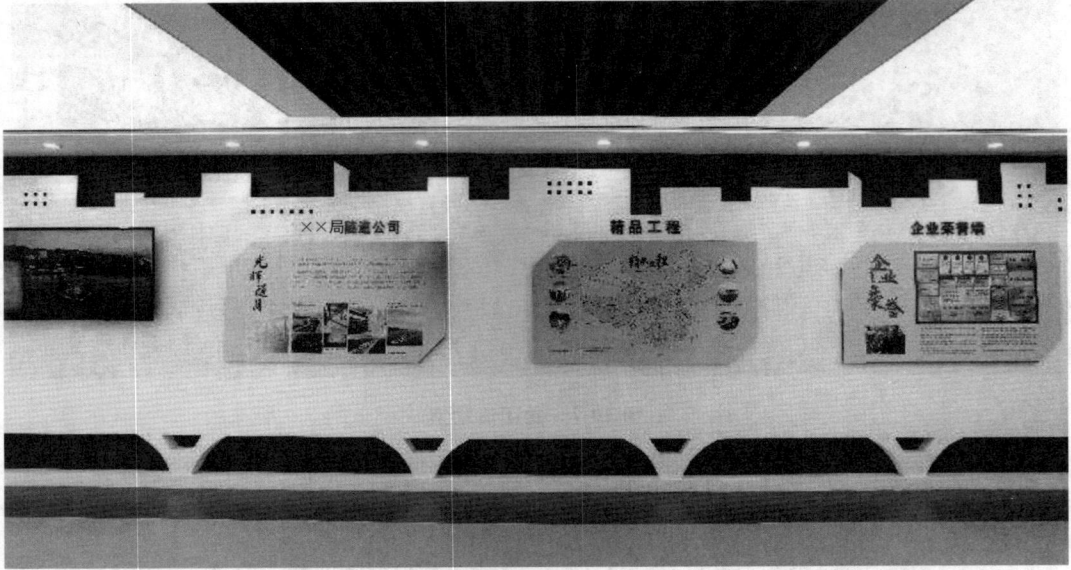

图 10-9　企业介绍模块

图 10-10　项目概况

　　企业和项目介绍模块能够提供全面、详细的信息,帮助相关主体更好地了解企业和项目,从而做出更明智的决策。同时,这些模块也有助于提升智慧工地的透明度和可信度,促进工地管理的规范化和高效化。模块呈现的方式可以多样化,例如通过文字描述、图表展示、视频介绍等形式,使信息更加直观、生动。

图 10-11　项目宣传事迹

10.2.3　智慧工地集中化展示模块

智慧工地集中化展示模块是一个关键模块，它充分利用现代信息技术手段，将工地管理的各个环节进行有机整合，实现工地信息的集中化、可视化、智能化管理。

在集中化展示（图 10-12）中，可以利用地理信息系统（GIS）集中展示场地内监控的分布与当前监控状态。再通过工地业务集成系统的高清大屏或多媒体展示系统，以直观、生动的方式呈现工地情况，包括工地各个区域的施工情况、人员活动以及安全状况。通过视频监控的实时传输和切换，管理人员可以随时随地了解工地的实时动态。

除了视频监控，集中化展示还可实现涉及工地管理的各个方面的数据的可视化。可以通过系统展示工地的施工进度数据，包括各个分项工程的完成情况、进度百分比等，帮助管理人员掌握工程进展，及时调整施工计划。同时，还可以展示工地的质量管理数据，包括质量检测结果、合格率等信息，确保施工质量符合标准要求。

此外，集中化展示通过展示安全巡查记录、安全隐患整改情况等信息，强化工地的安全管理。同时，还可以展示绿色施工措施的实施情况，包括节能减排、资源回收等方面的数据，体现工地的环保意识和可持续发展理念。

为了实现上述功能，智慧工地集中化展示模块通常会采用 BIM 技术（图 10-13）、云计算、大数据、物联网等新一代信息技术手段。通过数据的采集、传输、分析和可视化处理，实现工地信息的全面感知和智能决策。同时，系统还可以与其他管理系统进行对接，实现数据的共享和协同管理，提高工地管理的效率和水平。

总而言之，智慧工地集中化展示模块具备以下几个核心特点：

（1）它可以实现对工地的全面数字化。借助数字化技术，控制中心可以对施工现场进行实时监控，从施工人员的安全状况、施工设备的运行状态，到施工环境的参数等，都可以实时获取并进行分析。

图 10-12　智慧工地集中化展示

图 10-13　BIM 技术动画展示

（2）提供了智能化监控的功能。通过传感器、摄像头等设备,控制中心可以实时掌握工地的各项信息,为管理决策提供有力支持。同时,通过智能分析系统,控制中心还能及时发现施工中的问题和隐患,提出优化方案和建议,提高施工安全和效率。

（3）关注绿色环保施工。通过智能化监测和管理,控制中心可以实时监测施工现场的环境参数,如空气质量、噪声、振动等,及时采取措施保障施工人员的健康和安全。同时,通过优化施工流程和减少资源浪费,实现节能减排和绿色施工的目标。

（4）它是项目管理的重要平台。智慧工地集中化展示模块可以通过信息化技术，对工地的施工进度、安全质量、资源利用等方面进行管理，提高项目管理的效率和水平。同时，控制中心的建设还可以为施工人员提供更优质的学习条件和培训场所，培养知识型、技能型、创新型产业工人。

智慧工地集中化展示模块是一个集数字化、智能化、绿色化于一体的综合管理平台，通过集中展示、控制和管理，实现了工地的高效、安全、绿色施工，为智慧城市的建设奠定了坚实基础。

10.2.4　安全体验模块

智慧工地安全体验模块的内容非常丰富，旨在通过现代化技术为施工人员提供全方位、沉浸式的安全教育和培训体验。主要包含：模拟急救系统、综合用电体验、安全带体验、模拟灭火系统、安全帽撞击、安全鞋撞击、隐患排查系统、VR安全体验系统设备、安全知识问答、劳保展示等。多系统复合展示及沉浸式体验，可以让施工人员接受专业的指导和培训，并接受相关的安全警示。体验区还通过提供安全警示标识和场地设置，帮助施工人员识别潜在的危险区域和注意事项，从而强化施工安全意识，避免受伤。

1.模拟急救系统

模拟急救系统（图10-14）通过急救知识培训和模拟演练，让施工人员学习心肺复苏知识，掌握心肺复苏技能，增强自救互救意识和能力，在面临突发事件时能及时采取正确的方式，在专业医疗人员到达前为伤病员提供妥当的救护措施。同时，也有利于提高施工人员应对突发疾病的应急处置能力和综合应对能力。

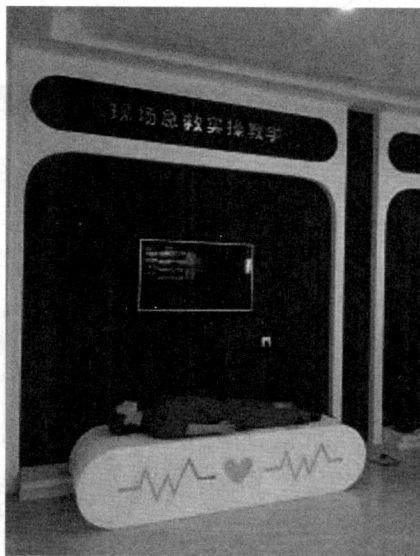

图10-14　模拟急救系统

2.综合用电体验系统

综合用电体验系统（图10-15）在不会对人体造成任何伤害的前提下，让施工人员体验瞬间触电的感觉。通过视频展示、语音讲解以及施工人员亲身体验，每个人都能认识触电危险，提高重视程度，尽早发现触电危险隐患，从而尽快规避危险，减少人身伤害，降低触电事故的发生概率。

图 10-15　综合用电体验系统

3. 安全带体验系统

安全带体验系统(图 10-16)通过体验安全带的互动游戏,帮助施工人员了解安全带的使用特性,学习正确使用安全带的知识,包括安全带选择、安全带使用规范、安全带正确系法等。

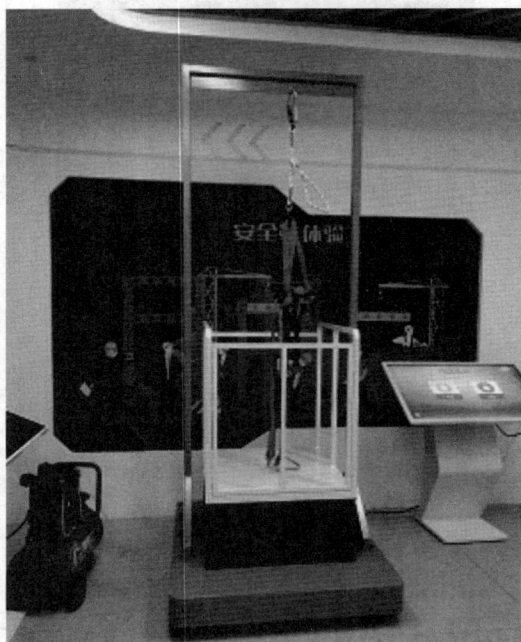

图 10-16　安全带体验系统

4. 模拟灭火系统

模拟灭火系统集虚拟现实、系统仿真、人机交互等前沿技术于一体,逼真地模拟众多火灾情景,为施工人员提供身临其境的消防演练环境,操作过程中无真实明火等安全隐患,不受场地限制,可轻松满足大规模消防演练需求,充分提高训练效率,全面提升训练质量,极大节约使用成本。

5. 隐患排查系统

隐患排查系统(图 10-17)集虚拟现实、系统仿真、人机交互等前沿技术于一体,系统内设置有钢筋工、起重工、电焊工、油漆工、架子工、木工、瓦工和电工八大工种的相关内容,可以针对性地对各个工种进行专项训练,每个工种包含两个场景,每个场景有 4~6 项隐患需要排查。该系统具有积分排名功能。

6. VR 安全体验系统

VR 安全体验系统(图 10-18)采用全沉浸、人机交互的方式高度还原事故发生过程。施工人员佩戴 VR 眼镜进入虚拟环境中,通过操作手柄在虚拟环境中实现走动、全视角场景观摩、各类任务动作的触发。通过视觉、听觉、触觉等多种感官系统,实现逼真的伤害体验过程,使施工人员对事故后果产生"敬畏之心",深切认识到各类伤害,起到警示、震撼教育的目的,从而提高施工人员的安全意识。打开软件,进入体验界面后,可以根据语音以及文字提示来操作,比如选择行走、拾取、选择等功能,体验整个事故过程,观看事故回放和事件分析。

图 10-17 隐患排查系统

图 10-18 VR 安全体验系统

10.2.5 质量管理模块

一方面,智慧工地信息指挥中心质量管理模块是专门负责监控、评估和提升展厅整体质量的系统或功能集合。这个模块利用先进的技术和工具,确保指挥中心的展示内容、设备设施、服务水平等方面都达到预定的质量标准,从而提供优质、高效的观展体验。通过观看展示,相关人员可以直观地感受到智慧工地在提高工程管理信息化水平、助力智慧城市建设、有效控制人力资源投入以及转变监管模式等方面的优势。它使得工地安全管理工作逐渐由事后被动管理转变为事前主动管理,提高了工地安全管理工作开展的可行性与有效性。

另一方面,智慧工地信息指挥中心质量管理模块通过建立标准样板间、样板施工工艺等方法,展示标准施工工艺和流程;通过智慧工地云平台、BIM、测量机器人、移动智联等技术,保证管线敷设、设备安装位置与设计一致,安装点位精准;质量过程管理数字化,质量问题可以通过手机端整改,指定整改人,整改进度一目了然;质量测量智能化,通过蓝牙数显智能测量设备,测量现场工程质量,手机自动识别测量项目并记录测量结果,回弹强度等自动换算,异常数值语音提醒,测量完成自动生成报表,提升测量效率;大体积混凝土浇筑过程自动测温,温差异常及时控制,预防混凝土凝固开裂;隐蔽工程验收通过单兵设备自动拍摄上传,隐蔽工程影像资料规范留痕。

1. 主体结构样板

主体结构样板(图 10-19)包含剪力墙混凝土成品、板面混凝土成品,通过柱梁钢筋绑扎、板面钢筋绑扎、剪力墙钢筋绑扎、后浇带钢筋绑扎、板面支模架搭设、剪力墙模板支附、施工缝留设、钢板止水带安装、混凝土接口、止水螺杆安装(封堵)等工艺搭建而成。

图 10-19 主体结构样板

2. 厨卫结构样板

厨卫结构样板(图 10-20)包含墙体砌筑、构造柱浇筑、整体墙面粉饰、混凝土反坎、污水立管安装、透气管安装、等电位端子箱预埋、通风排烟、厨卫地面工序做法等工艺。

3. 平屋面样板

平屋面样板(图 10-21)包含屋面女儿墙压顶、滴水、泛水、分隔缝、避雷带接地、通风排烟、排气管安装、透气管安装、屋面结构层各工序做法等施工工艺。

图 10-20　厨卫结构样板

图 10-21　平屋面样板

4.同层排水样板

同层排水样板(图 10-22)包括给水管安装,给水口留设,排水立管、支管安装,排水口留设,积水器安装,卫生间防水做法等工艺。

5.水井、电井样板

水井样板展示地漏,给排水、消防立管,防水套管及支架安装等工艺。电井样板展示桥架安装,跨接地线、桥架穿楼板预留洞、防火封堵等工艺。水井、电井样板见图 10-23。

图 10-22　同层排水样板

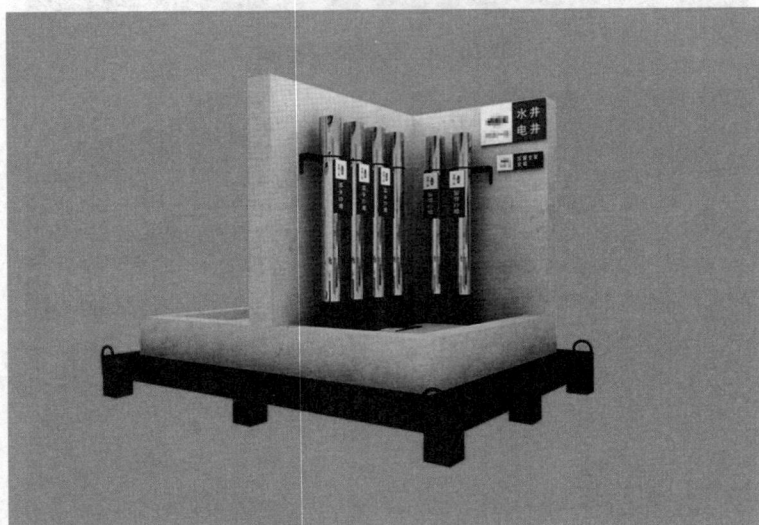

图 10-23　水井、电井样板

6.干挂幕墙样板

干挂幕墙样板(图 10-24)包含预埋件安装、角码焊接及焊缝防锈、竖龙骨安装、横龙骨安装、钢龙骨防锈、干挂件安装、干挂石材、板缝填塞等工艺。

7.钢结构样板

钢结构样板(图 10-25)展示锚栓预埋,钢柱、钢梁安装,焊缝探伤,坡口切割,钻孔定位,除锈防腐,防火涂装,膨胀细石混凝土二次浇筑等工艺。

10.2.6　智能施工模块

智能施工模块主要是进行工程管理和进度管理的模块,这个模块可以实时监控和调整施工进度,确保工程按计划进行。智能施工模块能够自动生成进度报告,方便管理人员掌握工程进度情

图 10-24　干挂幕墙样板

图 10-25　钢结构样板

况。同时,在施工过程中,可以对施工过程中的质量数据进行实时采集和分析,及时发现质量问题并采取措施进行整改,以确保工程质量符合要求。除此之外,智能施工模块还包括数据采集、智能控制、环境监测以及现场监控等功能,这些功能共同协作实现施工过程的智能化管理。

具体而言,通过进度软件科学编制进度计划,将进度计划与 BIM 技术结合管理现场生产进度,实现生产人、材、机合理安排,借助无人机航拍快速掌握现场全局生产进度。通过软硬件结合、物联网以及移动互联网技术,实现对施工现场物料进出场称重验收环节的全方位管控,有效杜绝人为因素,规避验收管理盲区,提高物料验收速度和准确性。

1. 实测实量机器人

实测实量作为建筑工程质量提升及检验的必要措施,是各大房地产开发商提升客户满意度、品牌美誉度的有效武器,也是其评价和筛选工程承包方、考核项目开发团队的重要依据。实测实量机器人如图 10-26 所示。

图 10-26　实测实量机器人

2. 视频监控＋慧眼 AI

如图 10-27 所示,利用 5G 网络高速、低延时的特性,在施工现场和生活区进行监控全覆盖,同时基于 BIM 展现各个摄像头的布设位置,实现模型和现场的实时对接。在手机端和电脑端都可以通过智慧工地平台实时掌握施工现场和生活区的情况。

利用现场的全景球机,对施工现场全貌进行远程查看,并自动合成延时摄影,动态反馈项目进度。

图 10-27　视频监控＋慧眼 AI

3. 机械管理

塔吊安全监控系统自动预防群塔碰撞,防止塔吊超载违规作业。塔吊吊钩可视化系统智能对焦,实时拍摄,扩充驾驶员视野,减少隔山吊、盲吊等安全隐患。机械管理实时监控界面如图 10-28 所示。

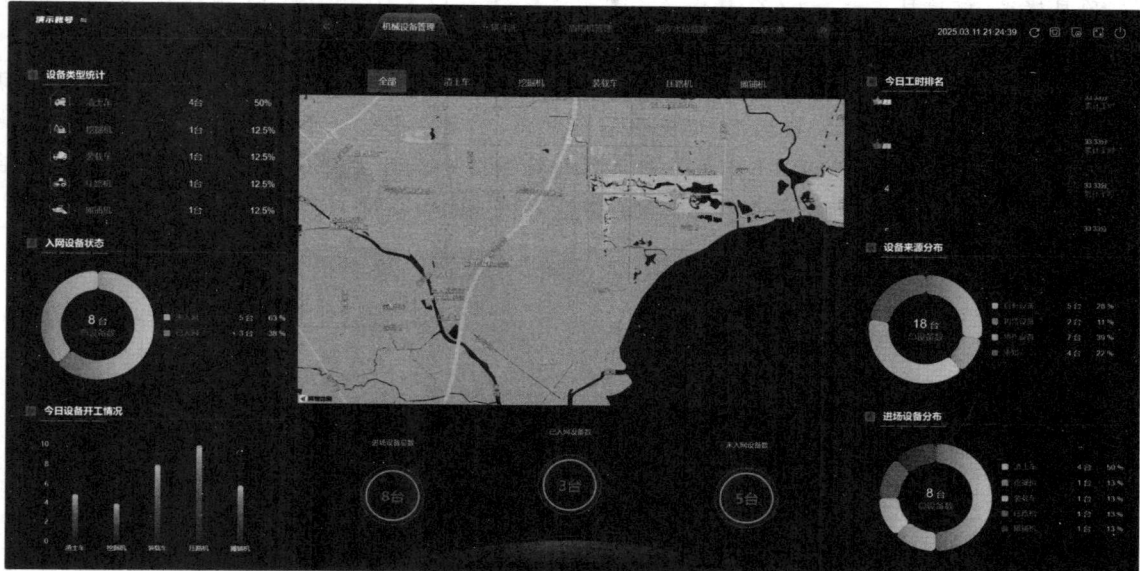

图 10-28　机械管理实时监控界面

10.2.7　绿色施工模块

绿色施工一般包括从扬尘监测到降尘控制,从水电监测到预警提醒多个环节(图 10-29),通过体系化的数字设计,对施工的各个环节进行全面的自动化控制,确保自然、绿色的理念贯彻到工地的每一处。智能水电监测系统可按照项目需求,对各个区域用水、用电量进行统计核算,将分表数值相加后和总表数值比对,查看两者是否有较大差异,帮助项目进行分析,查找差异存在的原因。同时结合后台大数据分析,帮助项目调配施工机械,提升施工效率。

图 10-29　环境监测系统

10.3 案例展示

【案例 10-1】

项目名称：合肥市 A 项目智慧展厅。

项目概况：该项目占地 $9.67 \times 10^4 \mathrm{m}^2$，总建筑面积约 $3.12 \times 10^5 \mathrm{m}^2$，含 18 栋住宅、1 栋幼儿园、3 栋商业、1 栋社区用房、路面绿化等。共有面积为 $60 \sim 120 \mathrm{m}^2$ 5 种户型。

智慧展厅建设：该项目一直秉承"精益建造，绿色智慧"的理念，积极开展标准化建设工作，强调质量安全生产管理的科学化、智慧化、规范化和标准化，利用智慧化平台、建筑机器人、VR 安全教育、视频监控、安全语音提示、BIM 技术等一系列科技手段来提升管理质量和水平，展现一个绿色施工、安全管控、质量管理的标杆型智慧工地（图 10-30～图 10-32）。

图 10-30 项目整体鸟瞰图

图 10-31 项目智慧工地信息中心

(a)

(b)

(c)

(d)

(e)

(f)

(g)

图 10-32　项目智慧展厅各板块

【案例 10-2】

项目名称：合肥市 B 项目智慧展厅。

项目概况：该项目为 EPC 总承包项目，总建筑面积 $1.56\times10^5\,m^2$，其中住宅地块住宅建筑面积为 $1.03\times10^5\,m^2$（装配式建筑，装配率不低于 30%），配套用房建筑面积 $0.83\times10^4\,m^2$，地下车库面积 $4.42\times10^4\,m^2$。主要建设内容包括新建 13 栋高层住宅（4 栋地上 18 层的高层住宅、6 栋地上 20 层的高层住宅、2 栋地上 22 层的高层住宅、1 栋地上 24 层的高层住宅）、1 栋 3 层配套服务用房、2 栋 2 层商业配套用房以及地下 1 层地下车库和室外配套工程等。

智慧展厅建设：是对外集中展示该项目智慧建造的应用成果与成功经验的窗口。整个项目的智慧建造将以"智能建造大数据中心"为数据集成枢纽，将建筑业信息技术与施工管理深度融合，综合运用 BIM、物联网、大数据、人工智能、移动通信、云计算及虚拟现实等技术，实现建筑施工全过程的数据自动采集、智能分析及智能预警，工程项目建设的所有数据集成，通过人机交互、感知、决策、执行和反馈，将信息技术、人工智能技术与工程施工技术深度融合与集成，打造信息化、智能化、标准化管理的工地（图 10-33～图 10-34）。

图 10-33　项目实景沙盘

(a)

(b)

(c)

(d)

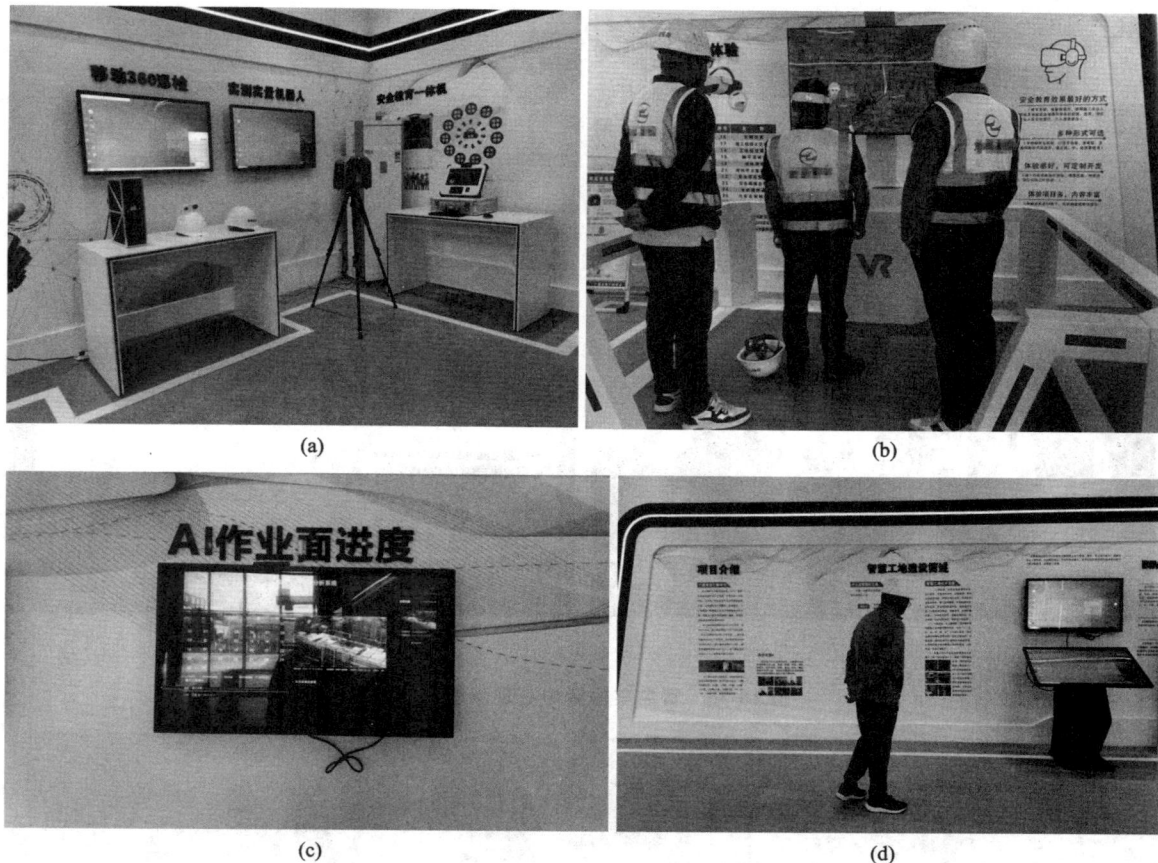

图 10-34　项目智慧展厅

【案例 10-3】

项目名称:青岛某国际中心项目。

项目概况:青岛某国际中心项目是青岛市构建"三湾三城"新格局的重点工程,项目毗邻青岛胶州湾海岸线,总建筑面积约 $2.70 \times 10^5 \, m^2$。项目以建设人民满意的"好房子"为目标,聚焦数字化与传统建筑的融合,大力应用各项新技术、新工艺、新材料、新设备,依托装配式建造和 BIM 技术,实现精细化管控,有效规避返工风险,促进项目高效顺利施工。该项目承担了 2023 年 9 月份住房和城乡建设部在山东省青岛市举办的全国住房和城乡建设系统"质量月"启动暨现场观摩活动(图 10-35)。

【案例 10-4】

其他智慧展厅效果展示如中国科学研究院智慧工地、合肥市瑶海区龚大塘复建点智能建造展览馆,见图 10-36 和图 10-37。

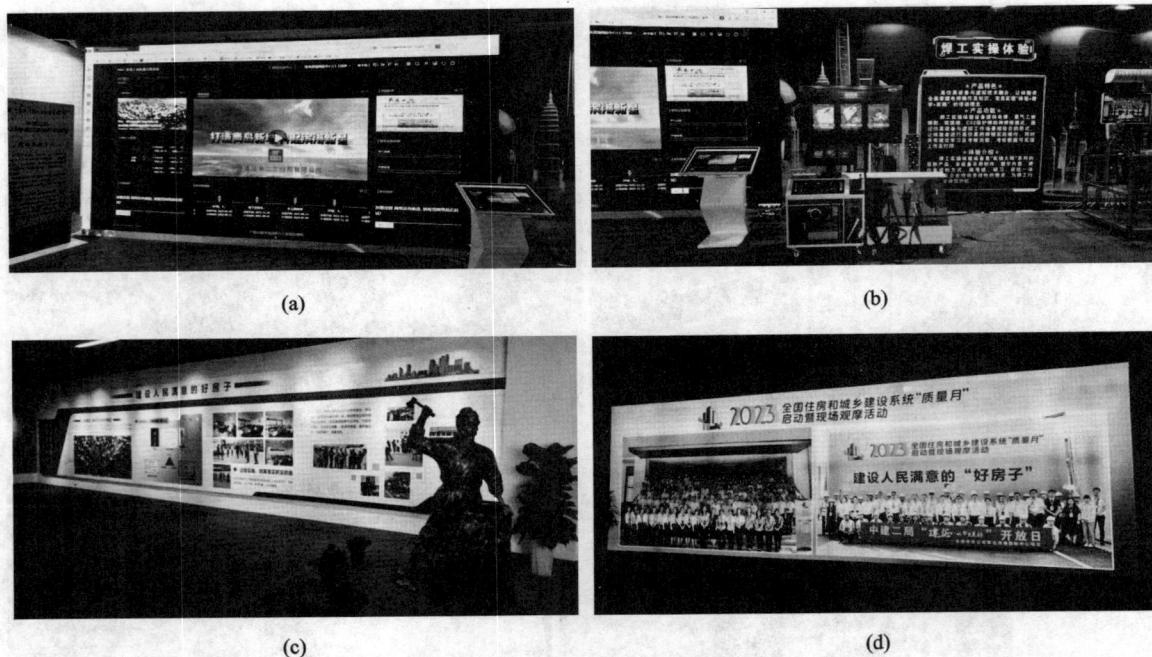

图 10-35　青岛某国际中心现场观摩活动

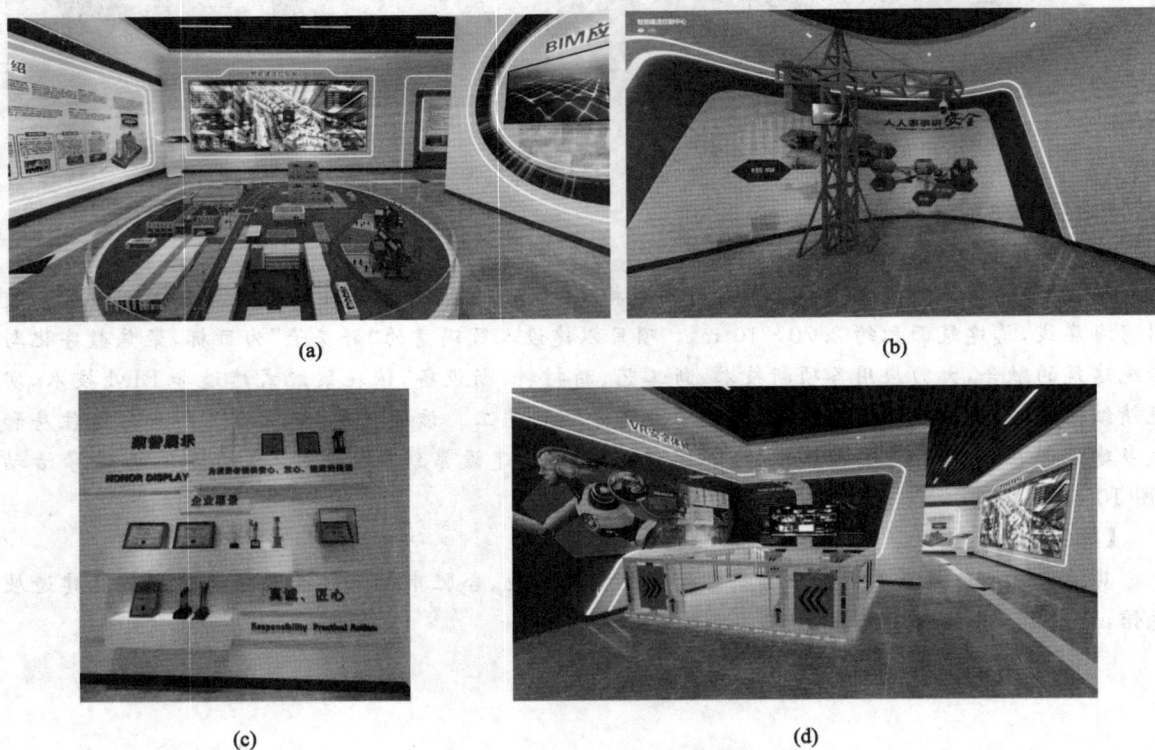

图 10-36　中国科学研究院智慧工地展厅效果

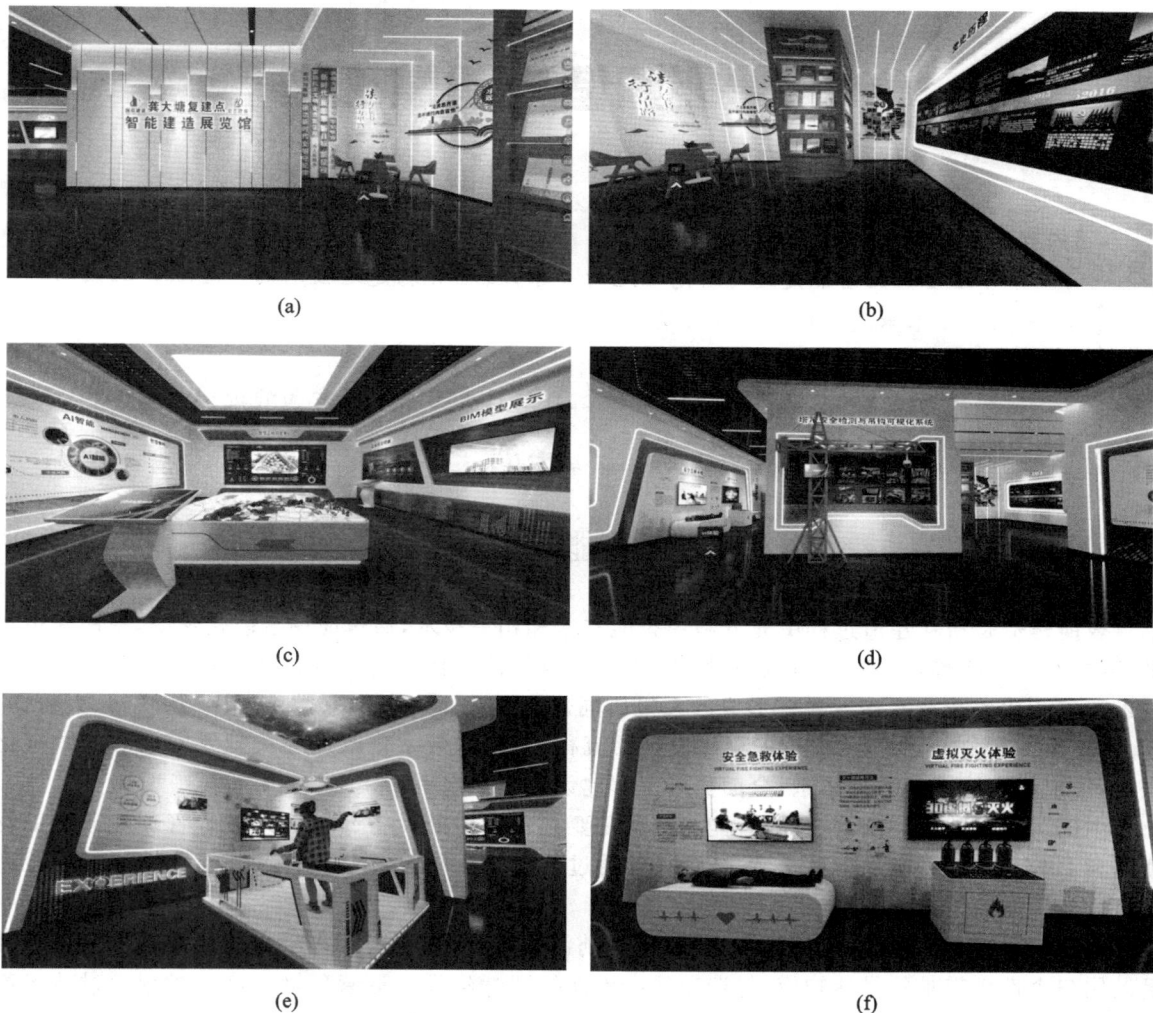

(a)

(b)

(c)

(d)

(e)

(f)

图 10-37 合肥市瑶海区龚大塘复建点智能建造展览馆

习题与思考题

10-1 智慧工地集中化展示有什么作用？

10-2 请列举在智慧展厅中有哪些模块可以展示？

10-3 智慧工地集中化展示模块各有什么特点？

11　智能建造与智慧工地

【内容提要】

　　本章主要介绍智能建造与智慧工地的关系,梳理智能建造技术的一些新产品应用,并展望了未来建筑建造方式的发展新方向。

【能力要求】

　　了解智能建造是智慧工地在施工手段、建造设备与技术等方面的进一步延伸和升级,是面向智慧工地的工程物联网。

11.1　智能建造概念

　　智能建造是指在建造过程中充分利用智能技术和相关技术,通过应用智能化系统,提高建造水平,减少对人的依赖,达到安全建造的目的,提高建筑的性价比和可靠性。智能建造是新一代信息技术与工业化建造技术深度融合形成的人机协同建造方式,它将 BIM、数字孪生、物联网、大数据、AI 等数字技术融入建筑业,促进工程建设主要流程、工艺的数字化改造和关键要素资源的数字化表达,形成协调统一的数据体系,全面提升工程建设数字化水平。

　　中国工程院刘先林院士认为,智能建造就是要把建设中的设备、材料、人员等管理对象借助物联网和 BIM 技术,实现互联互通与远程共享,通过信息化测绘、数字化施工、智能化监测等手段完成全生命周期的信息化管理。

　　也有学者将其诠释为:运用 BIM、物联网等前沿技术,旨在实现工程项目功能性需求的精准满足及用户个性化需求的灵活响应,打造项目全周期的智慧建设与运营环境。这一过程通过技术革新与管理模式的升级,全面优化工程项目从规划到运维的每一个阶段。

　　在数字化蓬勃发展的互联网时代,各行各业正经历深刻的变革与创新,建筑行业亦步入这一潮流。智能建造作为应对行业低效、污染严重及能耗高等问题的重要策略,已在诸多工程项目中得到应用与验证,其特性梳理显得尤为必要。智能建造贯穿项目的设计、生产至施工全链条,依托物联网、大数据、BIM 等前沿信息技术,实现数据的高效整合与利用,为项目从孕育到运营的每个阶段提供智能化支撑。

11.2　智能建造与智慧工地的关系

　　智能建造的内涵可归纳为三大维度:其一,以提升建造过程的智能化层次作为核心追求;其二,以智能技术及相关技术的综合运用作为实现路径;其三,以智能化系统的实际部署与应用作为实践形式。

　　智慧工地是指拥有分析、决策等复杂运算能力的运算系统,可以实时接收及反馈项目信息,并能通过智能化工具进行施工的工地。

　　智能建造与智慧工地相辅相成,二者均着眼于工程项目的施工建造阶段,并在项目的工地范围内建设与应用,以提高项目建设的智能化水平和项目实施效率为目标。但现阶段二者仍有差别:智能建造致力于工程项目施工手段与方法的优化,而智慧工地重点关注工程项目施工的全面化监测与管理。所以,智能建造是智慧工地在施工手段、建造设备与技术等方面的进一步延伸和升级,是面向智慧工地的工程物联网。

11.3 智能建造新产品和新技术的应用

智能建造的应用场景包括智能桩工设备、随动式混凝土布料机、条板安装机器人、管线焊接机器人、智能施工升降机、搬运机器人、建筑测量机器人、地坪研磨机器人、360 全景 AI 施工协作系统等智能建造设备,以下是一些典型案例。

11.3.1 建筑测量机器人

建筑测量机器人(图 11-1)是针对分户验收阶段房屋检测工作的实测实量机器人。建筑测量机器人内置高性能处理器,可对激光雷达传感器、深度摄像头传感器、超声波传感器等各类传感器接收的数据进行采集、过滤和融合操作,能高效准确地输出机器人的位置信息和周围环境信息,进而实现机器人自动导航功能。激光扫描仪内置嵌入式边缘加速算法(CV/CG&AI)以及深度优化并行异构计算能力,可迅速分析 3D 点云并且输出墙壁、顶棚、地面、窗口和门洞口位置,实时精确测算出实测实量所需各项指标的数据。

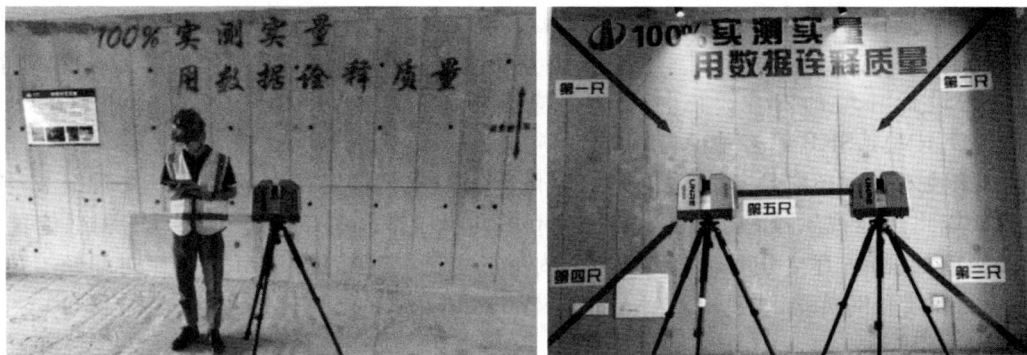

图 11-1 建筑测量机器人

建筑测量机器人能够满足建设单位的项目负责人员及物业公司的验收需求,集实测实量、规划路径、导航避障、实时监控、报表定制、3D 建模等功能为一体,在砌筑、抹灰、安装、精装等不同阶段,对平整度、垂直度、阴阳角度、水平极差、进深、开间等客观标准数据进行实测实量,查找空鼓、开裂、掉漆等主观判断数据,一键生成定制的实测实量表格,自动识别墙壁、地面、门窗和顶,导入三维扫描模型,对提高验收工作的效率、提升验收质量具有重要意义。

11.3.2 地坪研磨机器人

地坪研磨机器人(图 11-2)主要用于去除混凝土表面浮浆,可应用于地下车库、工厂车间、实验室、运动场所等场景的环氧地坪、固化剂地坪、金刚砂地坪施工。通过激光雷达扫描识别出墙、柱等物体位置信息,进行机器人实时定位、自主导航、自动路径规划,实现全自动研磨作业,同时还具备自动吸尘、随动放线、一键收线、磨盘保护、安全停障、故障报警、FMS 云数据管理等功能。

地坪研磨机器人已被广泛应用于广州增城南方电网、永州零陵区中央公馆、广州碧科智慧城、惠州深荟花园、钦州天玺湾、长沙城市之光、太原朗悦湾、南通川姜名都豪庭北、惠州南站北、乐昌博驰智能施工升降机工厂等多个项目,累计研磨面积超 $4\times10^6\,\mathrm{m}^2$;与传统人工施工相比,机器人施工效率高,施工质量和一致性好,降低施工人员劳动强度,缩短总建造工期,节省地坪施工综合成本约30%,经济效益及社会效益显著。

图 11-2 地坪研磨机器人

11.3.3 360 全景 AI 施工协作系统

基于 ARC(automated rule checking,自动规则审查)的全景记录和数据采集一体化平台,将360 全景影像与空间位置映射绑定,可以为管理者呈现出最真实、完整的数字现场,将现有的现场条件与 BIM 渲染并排比较,现场实景和 BIM 集成于线上统一平台,创新性指导现场施工;可结合实景,准确跟踪或校正施工,尤其对于机电安装等高价值工序,避免高昂的变更返工代价,即能实现作业现场与设计环境的对比。该技术平台应支持 RVT、CATPRODUCT、DGN、GDQ、GTJ、IGMS、NWD、RVM、SKP 等多种模型格式。

此外,该技术平台还应具备 360 全景功能(图 11-3);支持固定位置的放大以查看细节;支持轨迹位置跳转以迅速巡视风险隐患位置;支持 App 端同步操作。AI 自动计算最近的相似位置点;AI自动识别当前的视角;直接分屏对比一段时间内施工变化,支持创建 BIM 实模比对问题工单;同时端口支持 App 端和网页端,支持 iOS/Android /Windows/macOS,开放相应的 API 接口,支持与现有管理平台数据互通。

智能安全帽就使用了 360 全景施工协作系统,其巡视视角如图 11-3 所示。

图 11-3 智能安全帽巡视视角

智能建造顺应了建筑业与制造业转型升级的时代潮流,是新工科建设的重要驱动力。在全球范围内,传统建造技术的革新转型已成为瞩目焦点,各国竞相绘制产业长期发展的宏伟蓝图,建筑工业化便是其中的典型代表。为积极迎接科技革命与产业变革的新浪潮,助力创新驱动发展战略的深入实施,应致力于开创并推广引领全球工程教育的中国路径与经验,构建基于中国强大基建实力的智能建造典范模式,展现中国力量与智慧。

11.4　智能建造发展方向

2020年7月3日,住房和城乡建设部联合国家发展改革委、科技部、工业和信息化部、人力资源社会保障部、交通运输部、水利部等十三个部门联合印发《关于推动智能建造与建筑工业化协同发展的指导意见》,该文件提出要加大人才培育力度。各地要制定智能建造人才培育相关政策措施,明确目标任务,建立智能建造人才培养和发展的长效机制,打造多种形式的高层次人才培养平台。鼓励骨干企业和科研单位依托重大科研项目和示范应用工程,培养一批领军人才、专业技术人员、经营管理人员和产业工人队伍。加强后备人才培养,鼓励企业和高等院校深化合作,为智能建造发展提供人才后备保障。

为深入贯彻《国务院办公厅关于促进建筑业持续健康发展的意见》(国办发〔2017〕19号)文件精神,加快推进工程建造技术科技化、信息化、智能化水平,进一步提高建设工程专业技术人员理论与技能水平,规范从业人员执业行为,根据《国家中长期人才发展规划纲要(2010—2020年)》,由中国建筑科学研究院认证中心评价监督,北京中培国育人才测评技术中心组织实施的智能建造师专业技术等级考试和认定工作正式开启。

2022年,住房和城乡建设部印发《关于征集遴选智能建造试点城市的通知》,明确了开展智能建造城市试点的工作目标、重点任务和工作要求等内容。

紧随全球政策导向与市场需求的动态演变,智能建造技术的未来展望极为乐观,该技术将沿着数字化、智能化与可持续性等多维度持续深化。具体而言,其发展趋势可概括为四大方向。

(1)智能化制造与自动化施工:依托数字化制造、模块化设计以及机器人辅助施工等前沿技术,智能建造将显著提升作业效率与产品质量,推动建造过程向更高效、更精准的方向迈进。

(2)智能监测与传感技术:通过广泛应用传感器与先进监测系统,实现对建筑物运行状态的实时感知与智能化管理,不仅促进能源使用的优化,还显著提升环保效能,助力绿色建筑的发展。

(3)云计算与大数据应用:借助云计算平台与大数据分析技术,智能建造能够深入洞察建筑物的运行数据,优化设备管理、智能运营决策,乃至反向指导建筑设计与使用规划,促进建筑全生命周期的效能提升。

(4)智能合约与区块链创新:引入智能合约与区块链技术,为建筑项目合同管理与支付流程带来革新,增强项目透明度,有效减少合同纠纷,提升项目管理效率与信任度,为建筑业带来更加稳健、高效的运作模式。

智能建造技术的崛起,正悄然引领建筑业的深刻变革。随着市场需求的激增与技术迭代加速,智能建造无疑将成为建筑业的主流趋势。据预测,智能建筑领域的全球市场在未来几年将迅猛扩张,该领域蕴藏的巨大经济潜能。因此,智能建造市场不仅是未来的焦点,更是推动行业转型升级的关键力量。

同时,新型土木人才智能建造师作为新时代的复合型人才,立足于土木工程基石,跨界融合计算机技术、工程管理、机械自动化等多领域知识,形成集工程建造与数字化、智能化、信息化于一体的全新职业形态。他们不仅是智能建筑、智能交通、智慧工地等前沿建设项目的核心推动者,还精通利用现代科技手段进行测绘、设计、施工及运维管理,展现了高度的专业性与创新性。

此外,智能建造师还能应对传统与智能化建筑工程项目的双重挑战,从设计到施工管理,从信息技术服务到咨询服务,均能展现出卓越的能力。同时,他们还具备在一般土木工程项目中进行智能规划、装备施工以及防灾减灾设计的综合能力,为建筑业的可持续发展贡献智慧与力量。

总之,智能建造技术的出现标志着建筑业向数字化、智能化方向的转变。此技术将成为建筑业未来的重要发展方向,并对我们的生活和产业的发展做出积极的贡献。

习题与思考题

11-1 智慧工地与智能建造的关系是什么?

11-2 智能建造领域目前有哪些新技术新应用?

11-3 智能建造未来的发展方向有哪些?

参 考 文 献

[1]　王要武,陶斌辉.智慧工地理论与应用[M].北京:中国建筑工业出版社,2019.

[2]　冯立雷.绿色建造新技术实录[M].北京:机械工业出版社,2020.

[3]　黄文俊,刘曦,张立群,等.广州市某施工工程智慧工地方案及关键技术研究[J].广州建筑,2024,52(2):95-98.

[4]　廖可懿.面向智慧工地的工程项目施工进度动态控制研究[D].长沙:长沙理工大学,2020.

[5]　张龙宝.BIM技术在智慧工地项目进度管理中的应用研究[D].太原:太原理工大学,2022.

[6]　张阳.建筑结构施工安全智能化监测关键技术研究[D].大连:大连理工大学,2020.

[7]　吴铎思,黄潇,樊旭强.智能建造实践打造智慧工地[N].工人日报,2023-02-01(7).

[8]　王昊.基于智慧工地平台的W项目基坑监测管理研究[D].北京:北京建筑大学,2023.

[9]　吴芊凝.人工智能在智慧工地中的应用研究[D].南京:东南大学,2022.

[10]　江苏省建筑行业协会,江苏省智慧工地推进办公室.江苏省智慧工地建设与实践培训教材[M].北京:中国建筑工业出版社,2022.

[11]　王鑫,杨泽华.智能建造工程技术[M].北京:中国建筑工业出版社,2021.

[12]　刘先林.科技热潮与新时代测绘[R].德清:中国测绘学会,2018.

[13]　山东高速路桥集团股份有限公司.山东高速路桥集团股份有限公司参与山东工程职业技术大学建筑工程学院职业本科教育才人培养年度报告[R].山东:山东高速路桥集团股份有限公司,2022.

[14]　崔险波.二维码技术在仓库管理中的应用[J].铁路采购与物流,2014,9(1):57-58.

[15]　杨砚砚,王延海,李明,等.绿色物流视角下的电力物资包装标准化及仓储单元化研究[J].物流技术,2018,37(10):17-19,35.

[16]　张艳超.智慧工地建设需求和信息化集成应用探讨[J].智能建筑与智慧城市,2018(5):86-88.

[17]　李建中,李金宝,石胜飞.传感器网络及其数据管理的概念、问题与进展[J].软件学报,2003,14(10):1717-1727.

[18]　张利,张希黔.建筑施工中的传感器应用与发展[J].施工技术,2002,31(4):32-34.

[19]　吴伟生.基于智慧工地安全的智能安全帽设计与研究[D].南昌:南昌大学,2023.

[20]　刘小雨,李蓉.智慧工地项目管理研究——以北京市通州区某建设项目为例[J].住宅与房地产,2024(6):190-192.

[21]　刘力.基于智慧工地管理系统的建筑工程安全管理研究[J].中国建筑金属结构,2024,23(4):31-33.

[22] 吴东晋.探究智慧工地在建筑工程安全管理和质量管理中的应用[J].智能建筑与智慧城市,2024(5):137-139.

[23] 刘刚.智慧工地的"前世今生"[J].施工企业管理,2017(4):16,29.

[24] 毛志兵.从人工智能到智慧工地 迎接建造方式的新变革[J].中国勘察设计,2017(8):28-29.